사고력도 탄탄! 창의력도 탄탄!
수학 일등의 지름길 「기탄사고력수학」

♛ 단계별·능력별 프로그램식 학습지입니다

유아부터 초등학교 6학년까지 각 단계별로 4~6권씩 총 52권으로 구성되었으며, 처음 시작할 때 나이와 학년에 관계없이 능력별 수준에 맞추어 학습하는 프로그램식 학습지입니다.

♛ 사고력·창의력을 키워 주는 수학 학습지입니다

다양한 사고 단계를 거쳐 문제 해결력을 높여 주며, 개념과 원리를 이해하도록 하여 수학적 사고력을 키워 줍니다. 또 수학적 사고를 바탕으로 스스로 생각하고 깨닫는 창의력을 키워 줍니다.

♛ 유아 과정은 물론 초등학교 수학의 전 영역을 골고루 학습합니다

운필력, 공간 지각력, 수 개념 등 유아 과정부터 시작하여, 초등학교 과정인 수와 연산, 도형 등 수학의 전 영역을 골고루 다루어, 자녀들의 수학적 사고의 폭을 넓히는 데 큰 도움을 줍니다.

♛ 학습 지도 가이드와 다양한 학습 성취도 평가 자료를 수록했습니다

매주, 매달, 매 단계마다 학습 목표에 따른 지도 내용과 지도 요점, 완벽한 해설을 제공하여 학부모님께서 쉽게 지도하실 수 있습니다. 창의력 문제와 수학 경시 대회 예상 문제를 단계별로 수록, 수학 실력을 완성시켜 줍니다.

♛ 과학적 학습 분량으로 공부하는 습관이 몸에 배입니다

하루 10~20분 정도의 과학적 학습량으로 공부에 싫증을 느끼지 않게 하고, 학습에 자신감을 가지도록 하였습니다. 매일 일정 시간 꾸준하게 공부하도록 하면, 시키지 않아도 공부하는 습관이 몸에 배게 됩니다.

「기탄사고력수학」은
체계적이고 장기적인 프로그램으로
꾸준히 학습하면 반드시 성적으로 보답합니다

✿ 스몰 스텝(Small Step)방식으로 꾸준히 학습하면 성적이 올라갑니다

「기탄사고력수학」은 단순히 문제만 나열한 문제집이 아닙니다. 체계적이고 장기적인 학습프로그램을 통해 수학적 사고력과 창의력을 완성시켜 주는 스몰 스텝(Small Step)방식으로 꾸준히 학습하면 반드시 성적이 올라갑니다.

✿ 하루 3장, 10~20분씩 규칙적으로 학습하게 하세요

매일 일정 시간에 일정한 학습량을 꾸준히 재미있게 해야만 학습효과를 높일 수 있습니다. 주별로 분철하기 쉽게 제본되어 있으니, 교재를 구입하시면 먼저 분철하여 일주일 학습 분량만 자녀들에게 나누어 주세요. 그래야만 아이들이 학습 성취감과 자신감을 가질 수 있습니다.

✿ 자녀들의 수준에 알맞은 교재를 선택하세요

〈기탄사고력수학〉은 유아에서 초등학교 6학년까지, 나이와 학년에 관계없이 학습 난이도별로 자신의 능력에 맞는 단계를 선택하여 시작하는 능력별 교재입니다. 그러나 자녀의 수준보다 1~2단계 낮춘 교재부터 시작하면 학습에 더욱 자신감을 갖게 되어 효과적입니다.

교재 구분	교재 구성	대 상
A단계 교재	1, 2, 3, 4집	4세 ~ 5세 아동
B단계 교재	1, 2, 3, 4집	5세 ~ 6세 아동
C단계 교재	1, 2, 3, 4집	6세 ~ 7세 아동
D단계 교재	1, 2, 3, 4집	7세 ~ 초등학교 1학년
E단계 교재	1, 2, 3, 4, 5, 6집	초등학교 1학년
F단계 교재	1, 2, 3, 4, 5, 6집	초등학교 2학년
G단계 교재	1, 2, 3, 4, 5, 6집	초등학교 3학년
H단계 교재	1, 2, 3, 4, 5, 6집	초등학교 4학년
I 단계 교재	1, 2, 3, 4, 5, 6집	초등학교 5학년
J단계 교재	1, 2, 3, 4, 5, 6집	초등학교 6학년

「기탄사고력수학」으로 수학 성적 올리는 일등비법을 공개합니다

※ 문제를 먼저 풀어 주지 마세요

기탄사고력수학은 직관(전체 감지)을 논리(이론과 구체 연결)로 발전시켜 답을 구하도록 구성되었습니다. 쉽게 문제를 풀지 못하더라도 노력하는 과정에서 더 많은 것을 얻을 수 있으니, 약간의 힌트 외에는 자녀가 스스로 끝까지 문제를 풀어 나갈 수 있도록 격려해 주세요.

※ 교재는 이렇게 활용하세요

먼저 자녀들의 능력에 맞는 교재를 선택하세요. 그리고 일주일 분량씩 분철하여 매일 3장씩 풀 수 있도록 해 주세요. 한꺼번에 많은 양의 교재를 주시면 어린이가 부담을 느껴서 학습을 미루거나 포기하기 쉽습니다. 적당한 양을 매일매일 학습하도록 하여 수학 공부하는 재미를 느낄 수 있도록 해 주세요.

※ 교재 학습 과정을 꼭 지켜 주세요

한 주 학습이 끝날 때마다 창의력 문제와 경시 대회 예상 문제를 꼭 풀고 넘어가도록 해 주시고, 한 권(한 달 과정)이 끝나면 성취도 테스트와 종료 테스트를 통해 스스로 실력을 가늠해 볼 수 있도록 도와 주세요. 문제를 다 풀면 반드시 해답지를 이용하여 정확하게 채점해 주시고, 틀린 문제를 체크해 놓았다가 다음에는 확실히 풀 수 있도록 지도해 주세요.

※ 자녀의 학습 관리를 게을리 하지 마세요

수학적 사고는 하루 아침에 생겨나는 것이 아닙니다. 날마다 꾸준히 규칙적으로 학습해 나갈 때에만 비로소 수학적 사고의 기틀이 마련되는 것입니다. 교육은 사랑입니다. 자녀가 학습한 부분을 어머니께서 꼭 확인하시면서 사랑으로 돌봐 주세요. 부모님의 관심 속에서 자란 아이들만이 성적 향상은 물론 이 사회에서 꼭 필요한 인격체로 성장해 나갈 수 있다는 것도 잊지 마세요.

A - ❶ 교재	A - ❷ 교재
나와 가족에 대하여 알기 바른 행동 알기 다양한 선 그리기 다양한 사물 색칠하기 ○△□ 알기 똑같은 것 찾기 빠진 것 찾기 종류가 같은 것과 다른 것 찾기 관찰력, 논리력, 사고력 키우기	필요한 물건 찾기 관계 있는 것 찾기 다양한 기준에 따라 분류하기 (종류, 용도, 모양, 색깔, 재질, 계절, 성질 등) 두 가지 기준에 따라 분류하기 다섯까지 세기 변별력 키우기 미로 통과하기
A - ❸ 교재	**A - ❹ 교재**
다양한 기준으로 비교하기 (길이, 높이, 양, 무게, 크기, 두께, 넓이, 속도, 깊이 등) 시간의 순서 비교하기 반대 개념 알기 3까지의 숫자 배우기 그림 퍼즐 맞추기 미로 통과하기	최상급 개념 알기 다양한 기준으로 순서 짓기 (크기, 시간, 길이, 두께 등) 네 가지 이상 비교하기 이중 서열 알기 ABAB, ABCABC의 규칙성 알기 다양한 규칙 이해하기 부분과 전체 알기 5까지의 숫자 배우기 일대일 대응, 일대다 대응 알기 미로 통과하기

B - ❶ 교재	B - ❷ 교재
열까지 세기 9까지의 숫자 배우기 사물의 기본 모양 알기 모양 구성하기 모양 나누기와 합치기 같은 모양, 짝이 되는 모양 찾기 위치 개념 알기 (위, 아래, 앞, 뒤) 위치 파악하기	9까지의 수량, 수 단어, 숫자 연결하기 구체물을 이용한 수 익히기 반구체물을 이용한 수 익히기 위치 개념 알기 (안, 밖, 왼쪽, 가운데, 오른쪽) 다양한 위치 개념 알기 시간 개념 알기 (낮, 밤) 구체물을 이용한 수와 양의 개념 알기 (같다, 많다, 적다)
B - ❸ 교재	**B - ❹ 교재**
순서대로 숫자 쓰기 거꾸로 숫자 쓰기 1 큰 수와 2 큰 수 알기 1 작은 수와 2 작은 수 알기 반구체물을 이용한 수와 양의 개념 알기 보존 개념 익히기 여러 가지 단위 배우기	순서수 알기 사물의 입체 모양 알기 입체 모양 나누기 두 수의 크기 비교하기 여러 수의 크기 비교하기 0의 개념 알기 0부터 9까지의 수 익히기

C 단계 교재

C - ❶ 교재	C - ❷ 교재
구체물을 통한 수 가르기 반구체물을 통한 수 가르기 숫자를 도입한 수 가르기 구체물을 통한 수 모으기 반구체물을 통한 수 모으기 숫자를 도입한 수 모으기	수 가르기와 모으기 여러 가지 방법으로 수 가르기 수 모으고 다시 수 가르기 수 가르고 다시 수 모으기 더해 보기 세로로 더해 보기 빼 보기 세로로 빼 보기 더해 보기와 빼 보기 바꾸어서 셈하기

C - ❸ 교재	C - ❹ 교재
길이 측정하기　높이 측정하기 넓이 측정하기　크기 측정하기 둘레 측정하기　무게 측정하기 부피 측정하기　들이 측정하기 활동 시간 알아보기　시간의 순서 알아보기 여러 가지 측정하기	열 개 열 개 만들어 보기 열 개 묶어 보기 자리 알아보기 수 '10' 알아보기 10의 크기 알아보기 더하여 10이 되는 수 알아보기 열다섯까지 세어 보기 스물까지 세어 보기

D 단계 교재

D - ❶ 교재	D - ❷ 교재
수 11~20 알기 11~20까지의 수 알기 30까지의 수 알아보기 자릿값을 이용하여 30까지의 수 나타내기 40까지의 수 알아보기 자릿값을 이용하여 40까지의 수 나타내기 자릿값을 이용하여 50까지의 수 나타내기 50까지의 수 알아보기	상자 모양, 공 모양, 둥근기둥 모양 알아보기 공간 위치 알아보기 입체도형으로 모양 만들기 여러 방향에서 본 모습 관찰하기 평면도형 알아보기 선대칭 모양 알아보기 모양 만들기와 탱그램

D - ❸ 교재	D - ❹ 교재
덧셈 이해하기 100이 되는 더하기 여러 가지로 더해 보기 덧셈 익히기 뺄셈 이해하기 10에서 빼기 여러 가지로 빼 보기 뺄셈 익히기	조사하여 기록하기 그래프의 이해 그래프의 활용 분수의 이해 시간 느끼기 사건의 순서 알기 소요 시간 알아보기 달력 보기 시계 보기 활동한 시간 알기

E - ❶ 교재	E - ❷ 교재	E - ❸ 교재
사물의 개수를 세어 보고 1, 2, 3, 4, 5 알아보기 0의 개념과 0~5까지의 수의 순서 알기 하나 더 많다, 적다의 개념 알기 두 수의 크기 비교하기 사물의 개수를 세어 보고 6, 7, 8, 9 알아보기 0~9까지의 수의 순서 알기 하나 더 많다, 적다의 개념 알기 두 수의 크기 비교하기 여러 가지 모양 알아보기, 찾아보기, 만들어 보기 규칙 찾기	두 수로 가르기 두 수를 모으기 가르기와 모으기 덧셈식 알아보기 뺄셈식 알아보기 길이 비교해 보기 높이 비교해 보기 들이 비교해 보기 무게 비교해 보기 넓이 비교해 보기	수 10(십) 알아보기 19까지의 수 알아보기 몇십과 몇십 몇 알아보기 물건의 수 세기 50까지 수의 순서 알아보기 두 수의 크기 비교하기 분류하기 분류하여 세어 보기
E - ❹ 교재	**E - ❺ 교재**	**E - ❻ 교재**
수 60, 70, 80, 90 99까지의 수 수의 순서 두 수의 크기 비교 여러 가지 모양 알아보기, 찾아보기 여러 가지 모양 만들기, 그리기 규칙 찾기 10을 두 수로 가르기 100이 되도록 두 수를 모으기	100이 되는 더하기 10에서 빼기 세 수의 덧셈과 뺄셈 (몇십)+(몇), (몇십 몇)+(몇), (몇십 몇)+(몇십 몇) (몇십 몇)-(몇), (몇십 몇)-(몇십 몇) 긴바늘, 짧은바늘 알아보기 몇 시 알아보기 몇 시 30분 알아보기	세 수의 덧셈 받아올림이 있는 (몇)+(몇) 받아내림이 있는 (십 몇)-(몇) 세 수의 계산 덧셈식, 뺄셈식 만들기 □가 있는 덧셈식, 뺄셈식 만들기 여러 가지 방법으로 해결하기

F - ❶ 교재	F - ❷ 교재	F - ❸ 교재
백(100)과 몇백(200, 300, ……)의 개념 이해 세 자리 수와 뛰어 세기의 이해 세 자리 수의 크기 비교 받아올림이 있는 (두 자리 수)+(한 자리 수)의 계산 받아내림이 있는 (두 자리 수)-(한 자리 수)의 계산 세 수의 덧셈과 뺄셈 선분과 직선의 차이 이해 사각형, 삼각형, 원 등의 여러 가지 모양 쌓기나무로 똑같이 쌓아 보고 여러 가지 모양 만들기 배열 순서에 따라 규칙 찾아내기	받아올림이 있는 (두 자리 수)+(두 자리 수)의 계산 받아내림이 있는 (두 자리 수)-(두 자리 수)의 계산 여러 가지 방법으로 계산하고 세 수의 혼합 계산 길이 비교와 단위길이의 비교 길이의 단위(cm) 알기 길이 재기와 길이 어림하기 어떤 수를 □로 나타내기 덧셈식·뺄셈식에서 □의 값 구하기 어떤 수를 구하는 식 만들기 식에 알맞은 문제 만들기	시각 읽기 시각과 시간의 차이 알기 하루의 시간 알기 달력을 보며 1년 알기 몇 시 몇 분 전 알기 반 시간 알기 묶어 세기 몇 배 알아보기 더하기를 곱하기로 나타내기 덧셈식과 곱셈식으로 나타내기
F - ❹ 교재	**F - ❺ 교재**	**F - ❻ 교재**
2~9의 단 곱셈구구 익히기 1의 단 곱셈구구와 0의 곱 곱셈표에서 규칙 찾기 받아올림이 없는 세 자리 수의 덧셈 받아내림이 없는 세 자리 수의 뺄셈 여러 가지 방법으로 계산하기 미터(m)와 센티미터(cm) 길이 재기 길이 어림하기 길이의 합과 차	받아올림이 있는 세 자리 수의 덧셈 받아내림이 있는 세 자리 수의 뺄셈 여러 가지 방법으로 덧셈·뺄셈하기 세 수의 혼합 계산 똑같이 나누기 전체와 부분의 크기 분수의 쓰기와 읽기 분수만큼 색칠하고 분수로 나타내기 표와 그래프로 나타내기 조사하여 표와 그래프로 나타내기	□가 있는 곱셈식을 만들어 문제 해결하기 규칙을 찾아 문제 해결하기 거꾸로 생각하여 문제 해결하기

G 단계 교재

G - ❶ 교재	G - ❷ 교재	G - ❸ 교재
1000의 개념 알기 몇천, 네 자리 수 알기 수의 자릿값 알기 뛰어 세기, 두 수의 크기 비교 세 자리 수의 덧셈 덧셈의 여러 가지 방법 세 자리 수의 뺄셈 뺄셈의 여러 가지 방법 각과 직각의 이해 직각삼각형, 직사각형, 정사각형의 이해	똑같이 묶어 덜어 내기와 똑같게 나누기 나눗셈의 몫 곱셈과 나눗셈의 관계 나눗셈의 몫을 구하는 방법 나눗셈의 세로 형식 곱셈을 활용하여 나눗셈의 몫 구하기 평면도형 밀기, 뒤집기, 돌리기 평면도형 뒤집고 돌리기 (몇십)×(몇)의 계산 (두 자리 수)×(한 자리 수)의 계산	분수만큼 알기와 분수로 나타내기 몇 개인지 알기 분수의 크기 비교 mm 단위를 알기와 mm 단위까지 길이 재기 km 단위를 알기 km, m, cm, mm의 단위가 있는 길이의 합과 차 구하기 시각과 시간의 개념 알기 1초의 개념 알기 시간의 합과 차 구하기
G - ❹ 교재	G - ❺ 교재	G - ❻ 교재
(네 자리 수)+(세 자리 수) (네 자리 수)+(네 자리 수) (네 자리 수)−(세 자리 수) (네 자리 수)−(네 자리 수) 세 수의 덧셈과 뺄셈 (세 자리 수)×(한 자리 수) (몇십)×(몇십) / (두 자리 수)×(몇십) (두 자리 수)×(두 자리 수) 원의 중심과 반지름 / 그리기 / 지름 / 성질	(몇십)÷(몇) 내림이 없는 (몇십 몇)÷(몇) 나눗셈의 몫과 나머지 나눗셈식의 검산 / (몇십 몇)÷(몇) 들이 / 들이의 단위 들이의 어림하기와 합과 차 무게 / 무게의 단위 무게의 어림하기와 합과 차 0.1 / 소수 알아보기 소수의 크기 비교하기	막대그래프 막대그래프 그리기 그림그래프 그림그래프 그리기 알맞은 그래프로 나타내기 규칙을 정해 무늬 꾸미기 규칙을 찾아 문제 해결 표를 만들어서 문제 해결 예상과 확인으로 문제 해결

H 단계 교재

H - ❶ 교재	H - ❷ 교재	H - ❸ 교재
만 / 다섯 자리 수 / 십만, 백만, 천만 억 / 조 / 큰 수 뛰어서 세기 두 수의 크기 비교 100, 1000, 10000, 몇백, 몇천의 곱 (세,네 자리 수)×(두 자리 수) 세 수의 곱셈 / 몇십으로 나누기 (두,세 자리 수)÷(두 자리 수) 각의 크기 / 각 그리기 / 각도의 합과 차 삼각형의 세 각의 크기의 합 사각형의 네 각의 크기의 합	이등변삼각형 / 이등변삼각형의 성질 정삼각형 / 예각과 둔각 예각삼각형 / 둔각삼각형 덧셈, 뺄셈 또는 곱셈, 나눗셈이 섞여 있는 혼합 계산 덧셈, 뺄셈, 곱셈, 나눗셈이 섞여 있는 혼합 계산 ( ), { }가 있는 혼합 계산 분수와 진분수 / 가분수와 대분수 대분수를 가분수로, 가분수를 대분수로 나타내기 분모가 같은 분수의 크기 비교	소수 소수 두 자리 수 소수 세 자리 수 소수 사이의 관계 소수의 크기 비교 규칙을 찾아 수로 나타내기 규칙을 찾아 글로 나타내기 새로운 무늬 만들기
H - ❹ 교재	H - ❺ 교재	H - ❻ 교재
분모가 같은 진분수의 덧셈 분모가 같은 대분수의 덧셈 분모가 같은 진분수의 뺄셈 분모가 같은 대분수의 뺄셈 분모가 같은 대분수와 진분수의 덧셈과 뺄셈 소수의 덧셈 / 소수의 뺄셈 수직과 수선 / 수선 긋기 평행선 / 평행선 긋기 평행선 사이의 거리	사다리꼴 / 평행사변형 / 마름모 직사각형과 정사각형의 성질 다각형과 정다각형 / 대각선 여러 가지 모양 만들기 여러 가지 모양으로 덮기 직사각형과 정사각형의 둘레 1cm^2 / 직사각형과 정사각형의 넓이 여러 가지 도형의 넓이 이상과 이하 / 초과와 미만 / 수의 범위 올림과 버림 / 반올림 / 어림의 활용	꺾은선그래프 꺾은선그래프 그리기 물결선을 사용한 꺾은선그래프 물결선을 사용한 꺾은선그래프 그리기 알맞은 그래프로 나타내기 꺾은선그래프의 활용 두 수 사이의 관계 두 수 사이의 관계를 식으로 나타내기 문제를 해결하고 풀이 과정을 설명하기

기탄초력수학 교재별 학습 내용

I 단계 교재

I - ❶ 교재	I - ❷ 교재	I - ❸ 교재
약수 / 배수 / 배수와 약수의 관계	세 분수의 덧셈과 뺄셈	평행사변형의 넓이
공약수와 최대공약수	(진분수)×(자연수) / (대분수)×(자연수)	삼각형의 넓이
공배수와 최소공배수	(자연수)×(진분수) / (자연수)×(대분수)	사다리꼴의 넓이
크기가 같은 분수 알기	(단위분수)×(단위분수)	마름모의 넓이
크기가 같은 분수 만들기	(진분수)×(진분수) / (대분수)×(대분수)	넓이의 단위 m^2, a
분수의 약분 / 분수의 통분	세 분수의 곱셈 / 합동인 도형의 성질	넓이의 단위 ha, km^2
분수의 크기 비교 / 진분수의 덧셈	합동인 삼각형 그리기	넓이의 단위 관계
대분수의 덧셈 / 진분수의 뺄셈	면, 모서리, 꼭짓점	무게의 단위
대분수의 뺄셈 / 세 분수의 덧셈과 뺄셈	직육면체와 정육면체	
	직육면체의 성질 / 겨냥도 / 전개도	

I - ❹ 교재	I - ❺ 교재	I - ❻ 교재
분수와 소수의 관계	(소수)×(자연수) / (자연수)×(소수)	두 수의 크기 비교
분수를 소수로, 소수를 분수로 나타내기	곱의 소수점의 위치	비율
분수와 소수의 크기 비교	(소수)×(소수)	백분율
1÷(자연수)를 곱셈으로 나타내기	소수의 곱셈	할푼리
(자연수)÷(자연수)를 곱셈으로 나타내기	(소수)÷(자연수)	실제로 해 보기와 표 만들기
(진분수)÷(자연수) / (가분수)÷(자연수)	(자연수)÷(자연수)	그림 그리기와 식 만들기
(대분수)÷(자연수)	줄기와 잎 그림	예상하고 확인하기와 표 만들기
분수와 자연수의 혼합 계산	그림그래프	실제로 해 보기와 규칙 찾기
선대칭도형/선대칭의 위치에 있는 도형	평균	
점대칭도형/점대칭의 위치에 있는 도형	자료를 그래프로 나타내고 설명하기	

J 단계 교재

J - ❶ 교재	J - ❷ 교재	J - ❸ 교재
(자연수)÷(단위분수)	쌓기나무의 개수	비례식
분모가 같은 진분수끼리의 나눗셈	쌓기나무의 각 자리, 각 층별로 나누어	비의 성질
분모가 다른 진분수끼리의 나눗셈	개수 구하기	가장 작은 자연수의 비로 나타내기
(자연수)÷(진분수) / 대분수의 나눗셈	규칙 찾기	비례식의 성질
분수의 나눗셈 활용하기	쌓기나무로 만든 것, 여러 가지 입체도형,	비례식의 활용
소수의 나눗셈 / (자연수)÷(소수)	여러 가지 생활 속 건축물의 위, 앞, 옆	연비
소수의 나눗셈에서 나머지	에서 본 모양	두 비의 관계를 연비로 나타내기
반올림한 몫	원주와 원주율 / 원의 넓이	연비의 성질
입체도형과 각기둥 / 각뿔	띠그래프 알기 / 띠그래프 그리기	비례배분
각기둥의 전개도 / 각뿔의 전개도	원그래프 알기 / 원그래프 그리기	연비로 비례배분

J - ❹ 교재	J - ❺ 교재	J - ❻ 교재
(소수)÷(분수) / (분수)÷(소수)	원기둥의 겉넓이	두 수 사이의 대응 관계 / 정비례
분수와 소수의 혼합 계산	원기둥의 부피	정비례를 활용하여 생활 문제 해결하기
원기둥 / 원기둥의 전개도	경우의 수	반비례
원뿔	순서가 있는 경우의 수	반비례를 활용하여 생활 문제 해결하기
회전체 / 회전체의 단면	여러 가지 경우의 수	그림을 그리거나 식을 세워 문제 해결하기
직육면체와 정육면체의 겉넓이	확률	거꾸로 생각하거나 식을 세워 문제 해결하기
부피의 비교 / 부피의 단위	미지수를 x로 나타내기	표를 작성하거나 예상과 확인을 통하여
직육면체와 정육면체의 부피	등식 알기 / 방정식 알기	문제 해결하기
부피의 큰 단위	등식의 성질을 이용하여 방정식 풀기	여러 가지 방법으로 문제 해결하기
부피와 들이 사이의 관계	방정식의 활용	새로운 문제를 만들어 풀어 보기

학습 관리표

학습 내용		이번 주는?
분수와 소수	· 분수와 소수의 관계 · 분수를 소수로 나타내기 · 소수를 분수로 나타내기 · 분수와 소수의 크기 비교 · 창의력 학습 · 경시대회 예상문제	• 학습 방법 : ① 매일매일　② 가끔　③ 한꺼번에 　하였습니다. • 학습 태도 : ① 스스로 잘　② 시켜서 억지로 　하였습니다. • 학습 흥미 : ① 재미있게　② 싫증내며 　하였습니다. • 교재 내용 : ① 적합하다고　② 어렵다고　③ 쉽다고 　하였습니다.
지도 교사가 부모님께		부모님이 지도 교사께
평가	Ⓐ 아주 잘함　　Ⓑ 잘함　　Ⓒ 보통　　Ⓓ 부족함	

원(교)　　　　반　이름　　　　　전화

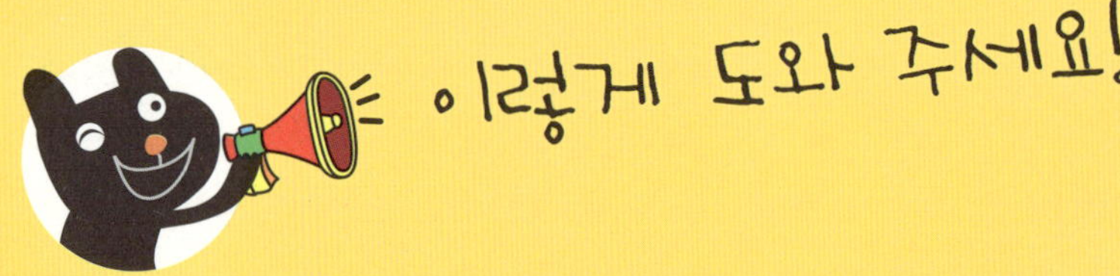

● 학습 목표

- 같은 크기의 양을 분수와 소수로 표현하면서 분수와 소수의 관계를 이해할 수 있습니다.
- 분자가 분모로 나누어떨어지는 분수를 소수로 나타낼 수 있습니다.
- 소수를 분수로 나타낼 수 있습니다.
- 분수와 소수의 크기를 비교할 수 있습니다.

● 지도 내용

- 분수와 소수를 동시에 나타내는 그림으로 분수와 소수의 관계를 이해하게 합니다.
- (자연수)÷(자연수)를 분수로 나타내고, 분모가 10, 100, 1000인 분수를 이용하여 분수를 소수로 나타내게 합니다.
- 분모가 10, 100, 1000인 분수를 이용하여 소수를 분수로 나타내게 합니다. 나타낸 분수가 약분이 되면 약분하여 기약분수로 나타내게 합니다.
- 분수를 소수로 나타내거나 소수를 분수로 나타내는 활동을 통하여 분수와 소수의 크기를 비교하게 합니다.

● 지도 요점

이미 학습한 분수와 소수에 대한 이해를 바탕으로 주어진 양을 같은 크기의 분수와 소수로 나타냄으로써 분수와 소수의 관계를 이해하도록 합니다. (자연수)÷(자연수)를 분수로 나타낸 후 분수를 소수로 나타내게 합니다. 그리고 수 막대를 통하여 직관적으로 분수와 소수의 크기를 인식하게 한 후, 소수를 분수로 나타내게 합니다. 분수와 소수의 크기를 비교할 때에는 분수를 소수로 나타내거나 소수를 분수로 나타내어 비교할 수 있음을 알게 합니다.

✿ 이름 :
✿ 날짜 :
✿ 시간 :　　시　　분 ~ 　　시　　분

◆ 분수와 소수의 관계 ◆

1 □ 안에 알맞은 분수나 소수를 써넣으시오.

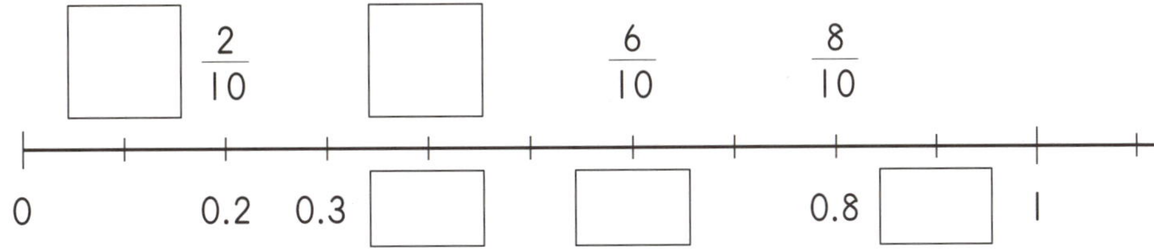

2 모눈종이의 전체 크기를 1이라고 할 때 색칠한 부분을 각각 분수와 소수로 나타내시오.

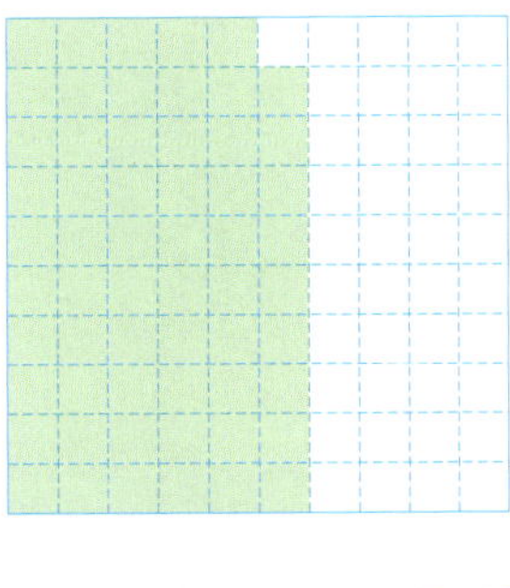

[답] ______________________

분수는 소수로, 소수는 분수로 나타내시오. [3~6]

3 $\dfrac{5}{10}$ (　　　　　　　　　) 　　**4** 0.31 (　　　　　　　　　)

5 $\dfrac{32}{1000}$ (　　　　　　　　　) 　　**6** 2.119 (　　　　　　　　　)

사고력 학습

7 분수를 소수로, 소수를 분수로 바르게 나타낸 것을 찾아 기호를 쓰시오.

> ㉠ $\dfrac{7}{10} = 0.07$ ㉡ $0.28 = 2\dfrac{8}{10}$
>
> ㉢ $3.006 = 3\dfrac{6}{1000}$ ㉣ $5\dfrac{41}{100} = 5.041$

[답]

8 물통에 물이 $\dfrac{83}{100}$ L 들어 있습니다. 물통에 들어 있는 물의 양을 소수로 나타내시오.

[답]

9 0.1이 3개, 0.01이 27개, 0.001이 17개인 수를 분수로 나타내시오.

[답]

10 분수와 소수를 규칙에 따라 늘어놓았습니다. 빈칸에 알맞은 수를 써넣으시오.

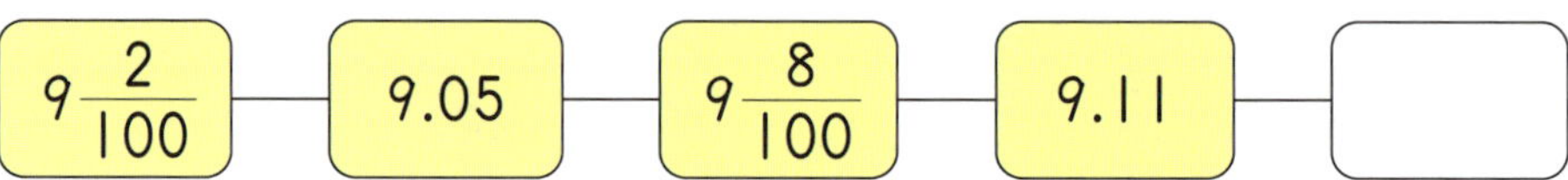

◆ 분수를 소수로 나타내기(1) ◆

1 $\dfrac{5}{8}$ 를 소수로 나타내려고 합니다. 물음에 답하시오.

(1) $\dfrac{5}{8}$ 를 분모가 1000인 분수로 나타내시오.

$$\dfrac{5}{8} = \dfrac{5 \times \boxed{}}{8 \times \boxed{}} = \dfrac{\boxed{}}{1000}$$

(2) $\dfrac{5}{8}$ 를 소수로 나타내시오.

[답] ________________________

🐸 분수를 분모가 10 또는 100 또는 1000인 분수로 고쳐서 소수로 나타내려고 합니다. ☐ 안에 알맞은 수를 써넣으시오. [2~4]

2 $\dfrac{1}{5} = \dfrac{1 \times \boxed{}}{5 \times \boxed{}} = \dfrac{\boxed{}}{10} = \boxed{}$

3 $\dfrac{9}{20} = \dfrac{9 \times \boxed{}}{20 \times \boxed{}} = \dfrac{\boxed{}}{100} = \boxed{}$

4 $\dfrac{23}{40} = \dfrac{23 \times \boxed{}}{40 \times \boxed{}} = \dfrac{\boxed{}}{1000} = \boxed{}$

🐸 보기 와 같이 분수를 소수로 나타내시오. [5~6]

$$3\frac{7}{25}=3+\frac{7}{25}=3+\frac{7\times4}{25\times4}=3+\frac{28}{100}=3.28$$

5 $1\frac{3}{50}=$ ________________________________

6 $4\frac{53}{125}=$ ________________________________

🐸 분수를 소수로 나타내시오. [7~12]

7 $\frac{1}{2}$ (   )   **8** $\frac{3}{4}$ (   )

9 $\frac{13}{20}$ (   )   **10** $2\frac{11}{50}$ (   )

11 $\frac{3}{8}$ (   )   **12** $3\frac{123}{500}$ (   )

사고력 학습

I-183a

✿ 이름 :
✿ 날짜 :
✿ 시간 :　시　분 ～　시　분

확인

◆ **분수를 소수로 나타내기(2)** ◆

1 $\dfrac{3}{5}$과 크기가 같은 수를 모두 찾아 기호를 쓰시오.

> ㉠ $\dfrac{3}{10}$　　㉡ $\dfrac{15}{25}$　　㉢ 0.3　　㉣ 0.6

[답]

2 분수를 소수로 나타내었을 때, 소수 두 자리 수가 되는 분수를 찾아 기호를 쓰시오.

> ㉠ $\dfrac{1}{2}$　　㉡ $\dfrac{3}{8}$　　㉢ $\dfrac{5}{9}$　　㉣ $\dfrac{13}{25}$

[답]

3 $\dfrac{73}{125}$을 소수로 나타내었을 때, 소수 둘째 자리 숫자를 구하시오.

[답]

사고력 학습

4 분수를 소수로 나타내었을 때, 나누어떨어지지 않아 간단한 소수로 나타낼 수 없는 것을 찾아 기호를 쓰시오.

$$\bigcirc\ \frac{5}{8} \qquad \bigcirc\ 1\frac{9}{55} \qquad \bigcirc\ \frac{17}{20} \qquad \textcircled{ㄹ}\ 2\frac{101}{250}$$

[답] ______________________

5 분수를 분모가 1000인 분수로 고칠 수 없는 것을 찾아 기호를 쓰시오.

$$\bigcirc\ \frac{2}{5} \qquad \bigcirc\ 2\frac{22}{45} \qquad \bigcirc\ \frac{8}{25} \qquad \textcircled{ㄹ}\ 1\frac{88}{125}$$

[답] ______________________

6 분수를 소수로 잘못 나타낸 것을 찾아 기호를 쓰시오.

$$\bigcirc\ \frac{1}{5}=0.2 \qquad\qquad \bigcirc\ \frac{17}{25}=0.68$$

$$\bigcirc\ \frac{74}{125}=0.592 \qquad\qquad \textcircled{ㄹ}\ \frac{101}{200}=0.504$$

[답] ______________________

사고력 학습

◆ 분수를 소수로 나타내기(3) ◆

1 □ 안에 알맞은 소수를 써넣으시오.

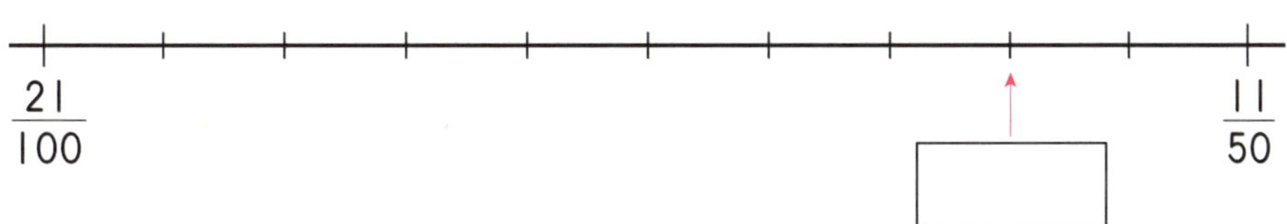

$\dfrac{21}{100}$　　　　　　　　　　　　　　　　□　　　$\dfrac{11}{50}$

2 3L의 $\dfrac{9}{50}$ 는 몇 L인지 소수로 나타내시오.

[답]

3 $2\dfrac{5}{8}$ 와 가장 가까운 수를 찾아 기호를 쓰시오.

| ㉠ 2.6 | ㉡ 2.62 | ㉢ 2.725 | ㉣ 2.82 |

[답]

4 $\dfrac{1}{5}$ 이 3, $\dfrac{1}{25}$ 이 6인 수를 소수로 나타내시오.

[답]

5 전체에 대하여 색칠한 부분을 소수로 나타내시오.

[답] ____________________

6 다음 3장의 숫자 카드를 한 번씩 사용하여 만들 수 있는 가장 작은 대분수를 소수로 나타내시오.

[답] ____________________

7 다음 3장의 숫자 카드를 한 번씩 사용하여 만들 수 있는 가장 큰 대분수를 소수로 나타내시오.

 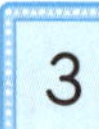 

[답] ____________________

◆ **분수를 소수로 나타내기(4)** ◆

1 현주의 책가방의 무게는 $1\frac{3}{5}$ kg입니다. 현주의 책가방의 무게를 소수로 나타내시오.

[답]

2 은수의 몸무게는 $39\frac{3}{4}$ kg입니다. 은수의 몸무게를 소수로 나타내시오.

[답]

3 도서관에서 공원까지의 거리는 몇 km인지 소수로 나타내시오.

[답]

4 희수는 색 테이프를 사서 전체의 $\frac{3}{8}$ 을 사용했습니다. 남은 색 테이프는 전체의 얼마인지 소수로 나타내시오.

[답]

사고력 학습

5 재영이는 찰흙을 5kg의 $\frac{7}{40}$ 만큼 사용하였습니다. 재영이가 사용한 찰흙은 몇 kg인지 소수로 나타내시오.

[답]

6 주스가 3L 있습니다. 그중 $\frac{13}{25}$ L를 마셨습니다. 마시고 남은 주스는 몇 L인지 소수로 나타내시오.

[답]

7 곰 인형과 강아지 인형은 모두 몇 kg인지 소수로 나타내시오.

곰 인형: $\frac{3}{5}$ kg

강아지 인형: $\frac{1}{4}$ kg

[답]

사고력 학습

◆ 소수를 분수로 나타내기(1) ◆

1 2.4를 기약분수로 나타내려고 합니다. 물음에 답하시오.

(1) 2.4를 분모가 10인 분수로 나타내시오.

$$2.4 = \boxed{}\dfrac{\boxed{}}{10}$$

(2) $\dfrac{4}{10}$ 를 기약분수로 나타내시오.

[답] ___________________________

(3) 2.4를 기약분수로 나타내시오.

[답] ___________________________

소수를 분모가 10 또는 100 또는 1000인 분수로 고쳐서 기약분수로 나타내려고 합니다. ☐ 안에 알맞은 수를 써넣으시오. [2~4]

2 $\quad 0.6 = \dfrac{\boxed{}}{10} = \dfrac{\boxed{}}{\boxed{}}$

3 $\quad 0.42 = \dfrac{\boxed{}}{100} = \dfrac{\boxed{}}{\boxed{}}$

4 $\quad 0.555 = \dfrac{\boxed{}}{1000} = \dfrac{\boxed{}}{\boxed{}}$

보기 와 같이 소수를 분수로 나타내시오. [5~6]

$$1.35 = 1 + 0.35 = 1 + \frac{35}{100} = 1\frac{35}{100} = 1\frac{7}{20}$$

5 $3.8 =$

6 $2.075 =$

소수를 기약분수로 나타내시오. [7~12]

7 0.2 (　　　　　　　)　　　**8** 0.06 (　　　　　　　)

9 0.54 (　　　　　　　)　　　**10** 2.82 (　　　　　　　)

11 0.608 (　　　　　　　)　　　**12** 7.192 (　　　　　　　)

사고력 학습

◆ **소수를 분수로 나타내기(2)** ◆

1 3.44를 분수로 나타낼 때, 분모가 될 수 없는 수를 찾아 기호를 쓰시오.

> ㉠ 100　　　　㉡ 50　　　　㉢ 25　　　　㉣ 20

[답]

2 소수를 기약분수로 나타낸 것을 찾아 선으로 이으시오.

(1)　0.84　•

(2)　0.212　•

• ㉠ $\dfrac{53}{250}$

• ㉡ $\dfrac{21}{25}$

• ㉢ $\dfrac{19}{20}$

3 0.208과 같은 수가 아닌 것을 찾아 기호를 쓰시오.

> ㉠ $\dfrac{208}{1000}$　　　㉡ $\dfrac{104}{500}$　　　㉢ $\dfrac{52}{250}$　　　㉣ $\dfrac{13}{125}$

[답]

4 0.68을 기약분수로 나타내었을 때, 분자를 구하시오.

[답]

5 기약분수로 나타내었을 때 분모가 20인 소수를 찾아 기호를 쓰시오.

㉠ 0.26	㉡ 0.45	㉢ 0.88	㉣ 0.96

[답]

6 소수를 기약분수로 나타낼 때, 분모가 작은 것부터 차례로 기호를 쓰시오.

㉠ 5.02	㉡ 0.76	㉢ 1.642	㉣ 21.4

[답]

7 0.34와 0.39 사이에 있는 분수 중에서 분모가 100인 분수를 모두 쓰시오.

[답]

사고력 학습

★ 이름 :

★ 날짜 :

★ 시간 :　　시　　분 ~ 　　시　　분

확인

◆ **소수를 분수로 나타내기(3)** ◆

1 □ 안에 알맞은 기약분수를 써넣으시오.

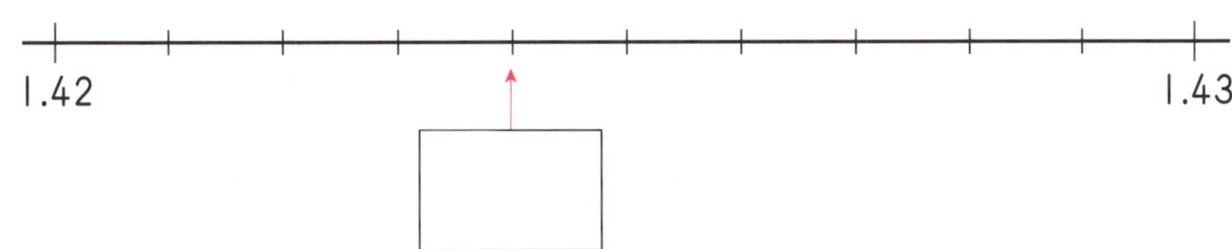

1.42　　　　　　　　　　　　　　　　　　　　1.43

2 5.34와 가장 가까운 수를 찾아 기호를 쓰시오.

$$㉠\ 5\frac{11}{50} \qquad ㉡\ 5\frac{19}{50} \qquad ㉢\ 5\frac{23}{50} \qquad ㉣\ 5\frac{27}{50}$$

[답]

3 0.1이 6, 0.01이 13, 0.001이 46인 수를 기약분수로 나타내시오.

[답]

4 분모와 분자의 합이 45인 어떤 분수를 소수로 나타내면 0.8입니다. 이 분수를 구하시오.

[답]

사고력 학습

5 다음 조건을 만족하는 분수를 구하시오.

> - 소수 3.044와 크기가 같습니다.
> - 기약분수입니다.

[답]

6 숫자 카드 4장을 모두 한 번씩만 사용하여 소수 두 자리 수를 만들려고 합니다. 만들 수 있는 가장 작은 소수 두 자리 수를 기약분수로 나타내시오.

[답]

7 숫자 카드 4장을 모두 한 번씩만 사용하여 소수 세 자리 수를 만들려고 합니다. 만들 수 있는 가장 큰 소수 세 자리 수를 기약분수로 나타내시오.

[답]

◆ **소수를 분수로 나타내기(4)** ◆

1 고양이의 무게가 3.6kg입니다. 고양이의 무게를 기약분수로 나타내시오.

[답]

2 수조에 물이 15.75L 들어 있습니다. 수조에 들어 있는 물의 양을 기약분수로 나타내시오.

[답]

3 서점에서 백화점까지의 거리는 몇 km인지 기약분수로 나타내시오.

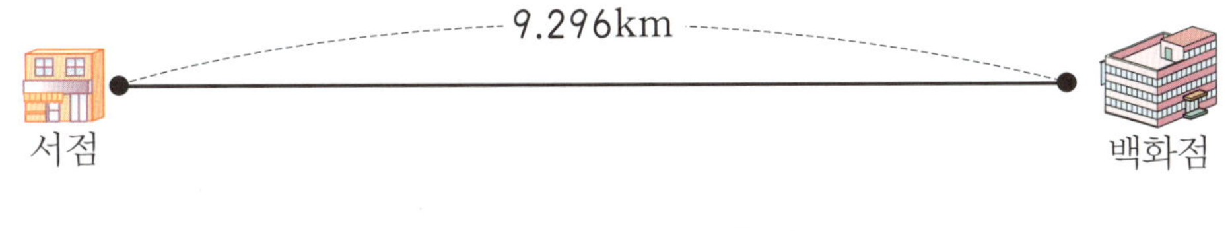

[답]

4 떡이 2kg 있습니다. 그중 0.6kg을 먹었습니다. 먹고 남은 떡의 양을 기약분수로 나타내시오.

[답]

5 재웅이가 산책을 하는데 어제 **2.05km**를 걸었고, 오늘 **3.006km**를 걸었습니다. 재웅이가 어제와 오늘 걸은 거리를 기약분수로 나타내시오.

[답]

6 수박은 멜론보다 몇 **kg** 더 무거운지 기약분수로 나타내시오.

수박: 6.25kg

멜론: 4.37kg

[답]

7 색 테이프 **5m**를 사서 선물을 포장하는 데 전체 색 테이프의 $\dfrac{1}{5}$을 사용하고 게시판을 꾸미는 데 **2.56m**를 사용했습니다. 남은 색 테이프의 길이를 기약분수로 나타내시오.

[답]

✿ 이름 :

✿ 날짜 :

✿ 시간 :　　시　　분 ~　　시　　분

확인

◆ **분수와 소수의 크기 비교(1)** ◆

1 수 막대에 두 수의 크기만큼 각각 색칠하고 크기를 비교하여 ○ 안에 >, =, < 를 알맞게 써넣으시오.

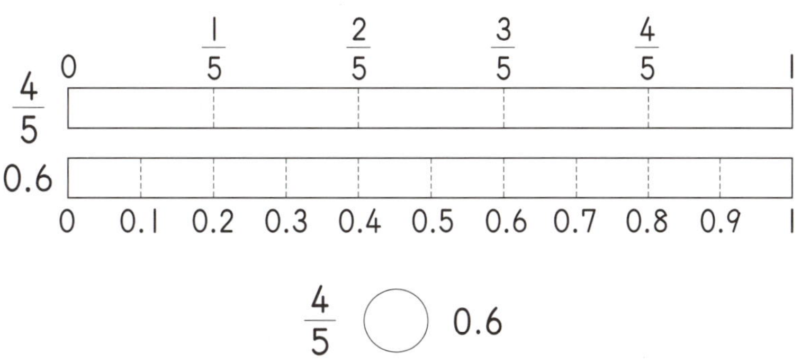

$$\frac{4}{5} \bigcirc 0.6$$

2 모눈종이에 두 수의 크기만큼 각각 색칠하고 크기를 비교하여 ○ 안에 >, =, < 를 알맞게 써넣으시오.

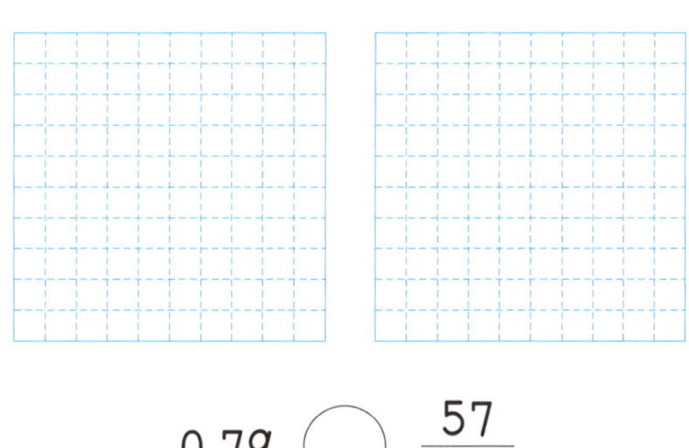

$$0.79 \bigcirc \frac{57}{100}$$

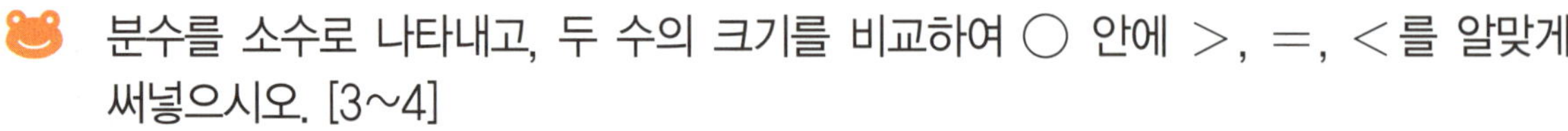

🐸 분수를 소수로 나타내고, 두 수의 크기를 비교하여 ○ 안에 >, =, <를 알맞게 써넣으시오. [3~4]

3 $\dfrac{4}{5} = \boxed{} \bigcirc 0.4$

4 $2\dfrac{49}{125} = \boxed{} \bigcirc 2.329$

🐸 소수를 분수로 나타내고, 두 수의 크기를 비교하여 ○ 안에 >, =, <를 알맞게 써넣으시오. [5~6]

5 $5.6 = 5\dfrac{\boxed{}}{5} \bigcirc 5\dfrac{1}{5}$

6 $0.24 = \dfrac{\boxed{}}{25} \bigcirc \dfrac{6}{25}$

🐸 두 수의 크기를 비교하여 ○ 안에 >, =, <를 알맞게 써넣으시오. [7~12]

7 $\dfrac{9}{10} \bigcirc 0.7$

8 $0.4 \bigcirc \dfrac{3}{5}$

9 $\dfrac{17}{25} \bigcirc 0.65$

10 $2.95 \bigcirc 2\dfrac{17}{20}$

11 $2\dfrac{23}{50} \bigcirc 2.46$

12 $3.097 \bigcirc 3\dfrac{19}{200}$

I-191a

◆ 분수와 소수의 크기 비교(2) ◆

1 더 큰 수에 ◯표 하시오.

$$0.7 \qquad \frac{3}{5}$$

2 두 수의 크기 비교를 바르게 한 것을 찾아 기호를 쓰시오.

㉠ $0.9 < \dfrac{8}{10}$ 　　　㉡ $0.63 < \dfrac{7}{100}$

㉢ $3\dfrac{13}{25} > 3.25$ 　　　㉣ $1\dfrac{3}{8} > 1.73$

[답]

3 $\dfrac{3}{5}$ 보다 크고 0.9보다 작은 소수 한 자리 수를 모두 쓰시오.

[답]

4 작은 수부터 차례로 기호를 쓰시오.

㉠ 2.4 　　㉡ 2.32 　　㉢ $2\dfrac{37}{50}$ 　　㉣ $2\dfrac{9}{20}$

[답]

5 은정, 유미, 혜수가 일주일 동안 마신 우유의 양을 나타낸 것입니다. 우유를 가장 많이 마신 사람은 누구입니까?

이름	은정	유미	혜수
우유(L)	11.54	$11\frac{19}{50}$	$11\frac{11}{20}$

[답]

6 □ 안에 들어갈 수 있는 수에 모두 ○표 하시오.

$$\square < 9\frac{29}{40}$$

(9.07, 9.8, 9.752, 9.273)

7 0에서 9까지의 숫자 중에서 □ 안에 들어갈 수 있는 숫자를 모두 구하시오.

$$13\frac{3}{5} < 13.\square 3$$

[답]

◆ 분수와 소수의 크기 비교(3) ◆

1 주스를 은정이는 $\dfrac{2}{5}$L 마셨고, 용준이는 0.3L 마셨습니다. 주스를 더 많이 마신 사람은 누구입니까?

[답]

2 승현이의 키는 1.43m이고, 해준이의 키는 $1\dfrac{11}{20}$m입니다. 키가 더 큰 사람은 누구입니까?

[답]

3 강아지와 고양이 중에서 더 가벼운 동물은 무엇입니까?

강아지: $2\dfrac{21}{25}$kg　　　　고양이: 2.9kg

[답]

사고력 학습

4 학교에서 병원까지는 15.543km이고, 학교에서 놀이터까지는 $15\frac{33}{50}$km입니다. 학교에서 더 먼 곳은 어디입니까?

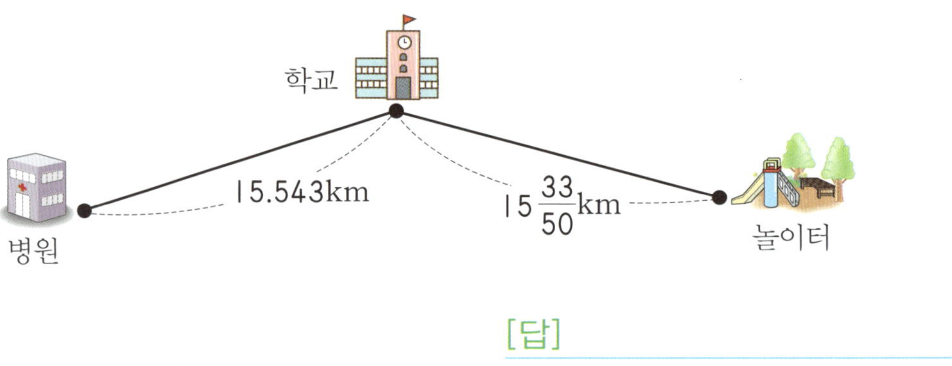

[답]

5 빵을 만드는 데 밀가루를 영준이는 3.29kg 사용했고, 희진이는 $3\frac{7}{25}$kg 사용했고, 유민이는 $3\frac{1}{5}$kg 사용했습니다. 밀가루를 가장 많이 사용한 사람은 누구입니까?

[답]

6 영민이는 파란색 테이프 8m의 $\frac{7}{20}$을 사용했고, 빨간색 테이프는 3.3m 사용했습니다. 영민이는 어떤 색 테이프를 더 많이 사용했습니까?

[답]

사고력 학습

🌐 창의력 학습

은영이는 0.4와 같은 분수에 파란색을 칠하고, 미송이는 0.76과 같은 분수에 노란색을 칠하려고 합니다. 은영이와 미송이가 각각 색을 칠했을 때 만들어지는 도형을 찾아 차례로 기호를 쓰시오.

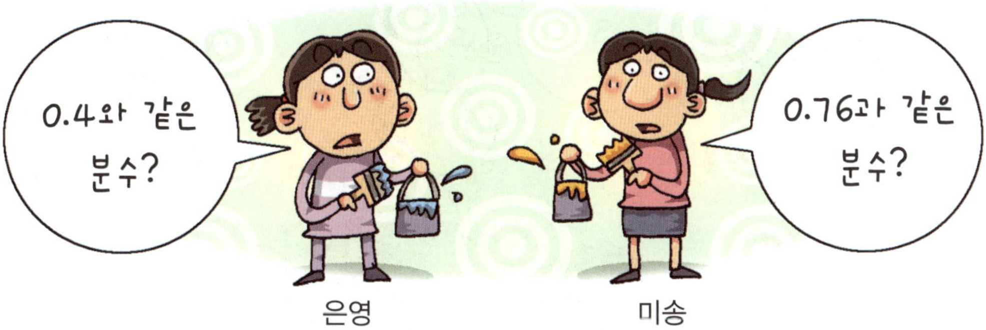

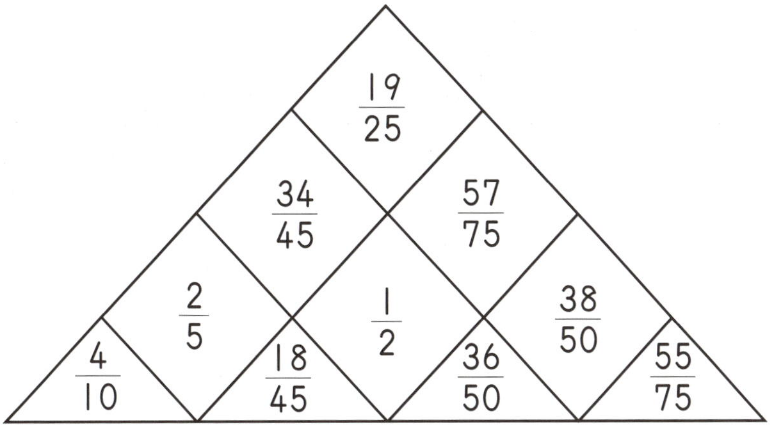

$$\frac{19}{25}$$

$$\frac{34}{45} \qquad \frac{57}{75}$$

$$\frac{2}{5} \qquad \frac{1}{2} \qquad \frac{38}{50}$$

$$\frac{4}{10} \qquad \frac{18}{45} \qquad \frac{36}{50} \qquad \frac{55}{75}$$

㉠ 삼각형   ㉡ 사각형   ㉢ 오각형   ㉣ 육각형

[답]

창의력 학습

영민, 기수, 현준, 재웅, 주혁이가 50m 수영을 하였습니다. 1위부터 3위까지 차례로 금메달, 은메달, 동메달을 받을 수 있습니다. 금메달, 은메달, 동메달을 받을 수 있는 사람을 차례로 쓰시오.

창의력 학습

경시대회 예상문제

1 분모가 25이면서 0.6보다 작은 분수는 모두 몇 개입니까?

[답] ______________________

2 □ 안에 알맞은 소수를 써넣으시오.

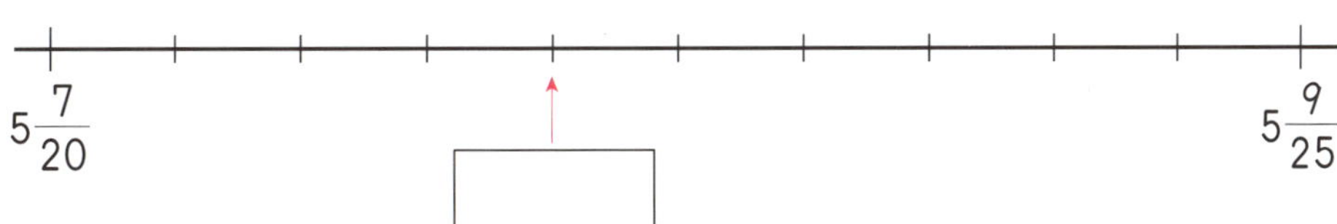

3 $\frac{1}{5}$이 2, $\frac{1}{20}$이 13, $\frac{1}{8}$이 3인 수를 소수로 나타내시오.

[답] ______________________

4 정수는 하루에 2시간 15분씩 영어 공부를 합니다. 정수가 3일 동안 영어 공부를 한 시간은 몇 시간인지 소수로 나타내시오.

[답] ________________

5 분수와 소수를 규칙에 따라 늘어놓았습니다. 12번째에 올 수를 구하시오.

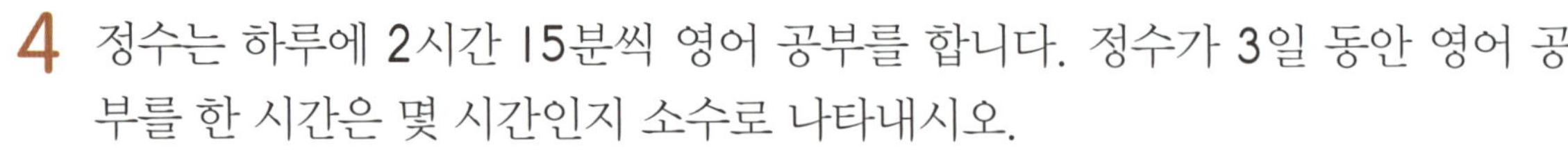

$$\frac{9}{10},\ 0.23,\ \frac{9}{10},\ 0.25,\ \frac{9}{10},\ 0.27,\ \cdots\cdots$$

[답] ________________

6 □ 안에 들어갈 수 있는 기약분수 중에서 분모가 25인 기약분수는 모두 몇 개인지 구하는 과정을 쓰고 답을 구하시오.

$$8.31 < □ < 8.38$$

____

____

[답] ________________

7 □ 안에 들어갈 수 있는 자연수를 모두 구하시오.

$$\frac{3}{8} < \frac{\square}{20} < 0.6$$

[답]

8 다음 조건을 만족하는 분수를 구하시오.

- 소수 0.625와 크기가 같습니다.
- 분자와 분모의 최소공배수는 120입니다.

[답]

9 숫자 카드 3, 4, 5, 6 을 한 번씩만 사용하여 다음 식이 성립하도록 하는 경우는 모두 몇 가지입니까?

$$\frac{\square}{8} > 0.\square\square\square$$

[답]

10 5장의 숫자 카드가 있습니다. 이 중 **3**장을 선택하여 가장 큰 대분수와 가장 작은 소수 두 자리 수를 각각 만들려고 합니다. □ 안에 알맞은 수를 써넣고, 만든 두 수의 차를 기약분수로 나타내시오.

$$\boxed{1} \quad \boxed{4} \quad \boxed{2} \quad \boxed{5} \quad \boxed{8}$$

가장 큰 대분수: $\boxed{}\dfrac{\boxed{}}{\boxed{}}$

가장 작은 소수 두 자리 수: $\boxed{}.\boxed{}\boxed{}$

[답]

11 한 변이 $5\dfrac{11}{20}$ cm인 정사각형을 가로로 1.05cm만큼 줄이고 세로로 2.065cm 만큼 늘여서 직사각형을 만들었습니다. 직사각형의 둘레는 몇 cm인지 소수로 나타내는 과정을 쓰고 답을 구하시오.

[답]

학습 관리표

학습 내용		이번 주는?
분수의 나눗셈	· 1÷(자연수)를 곱셈으로 나타내기 · (자연수)÷(자연수)를 곱셈으로 나타내기 · (진분수)÷(자연수) · (가분수)÷(자연수) · (대분수)÷(자연수) · 분수와 자연수의 혼합 계산 · 창의력 학습 · 경시대회 예상문제	· 학습 방법 : ① 매일매일　② 가끔　③ 한꺼번에 　　　　　　하였습니다. · 학습 태도 : ① 스스로 잘　② 시켜서 억지로 　　　　　　하였습니다. · 학습 흥미 : ① 재미있게　② 싫증내며 　　　　　　하였습니다. · 교재 내용 : ① 적합하다고 ② 어렵다고　③ 쉽다고 　　　　　　하였습니다.

지도 교사가 부모님께	부모님이 지도 교사께

평가	Ⓐ 아주 잘함　　Ⓑ 잘함　　Ⓒ 보통　　Ⓓ 부족함

원(교)　　　　　반　　이름　　　　　　전화

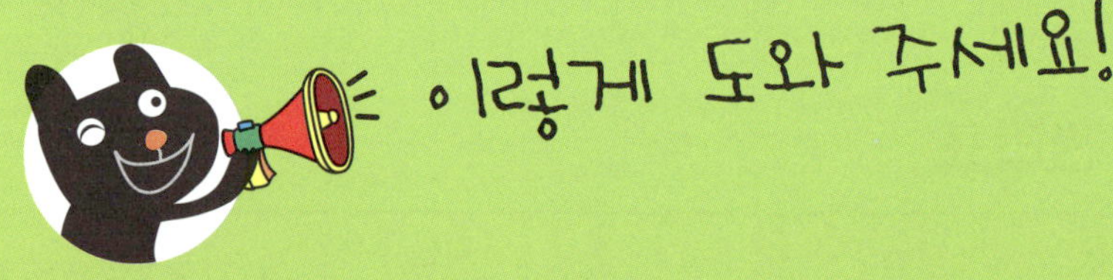

● 학습 목표
– 1÷(자연수), (자연수)÷(자연수)를 곱셈으로 나타낼 수 있습니다.
– (진분수)÷(자연수), (가분수)÷(자연수), (대분수)÷(자연수)의 계산 원리를 이해하고 계산할 수 있습니다.
– 분수와 자연수의 곱셈과 나눗셈의 혼합 계산 원리를 이해하고 계산할 수 있습니다.

● 지도 내용
– 1÷(자연수), (자연수)÷(자연수)를 곱셈으로 나타내어 몫을 분수로 나타내게 합니다.
– (진분수)÷(자연수), (가분수)÷(자연수), (대분수)÷(자연수)를 곱셈으로 나타내는 방법을 알고 계산하게 합니다.
– 분수와 자연수의 곱셈과 나눗셈의 혼합 계산 원리를 이해하고 계산하게 합니다.

● 지도 요점
이 단원에서는 이미 배운 분모가 같은 분수의 덧셈과 뺄셈, 분수의 약분과 통분, 기약분수, 분모가 다른 분수의 덧셈과 뺄셈, 분수의 곱셈을 바탕으로 하여 나눗셈을 곱셈으로 나타내는 방법과 계산 원리를 학습합니다.
(진분수)÷(자연수), (가분수)÷(자연수), (대분수)÷(자연수)의 계산 방법을 알아보고 계산 원리를 형식화하여 익히도록 합니다. 그리고 곱셈과 나눗셈이 혼합된 계산 방법과 계산 과정 중에 약분이 가능하면 약분을 하고 계산하여 간편하고 효율적으로 계산하는 것을 익히도록 합니다.

I-196a

🌸 이름 :

🌸 날짜 :

🌸 시간 :　　시　　분 ~　　시　　분

◆ I ÷ (자연수)를 곱셈으로 나타내기(1) ◆

1 I ÷ 3을 곱셈으로 나타내려고 합니다. 물음에 답하시오.

(1) I ÷ 3의 몫만큼을 색칠하고 분수로 나타내시오.

$$I \div 3 = \frac{\square}{\square}$$

(2) $\frac{1}{3}$ 은 I의 몇 배인지 곱셈으로 나타내시오.

$$\frac{1}{3} = I \times \frac{\square}{\square}$$

(3) I ÷ 3을 곱셈으로 나타내시오.

$$I \div 3 = \frac{\square}{\square} = I \times \frac{\square}{\square}$$

🐸 그림을 보고 ☐ 안에 알맞은 수를 써넣으시오. [2~3]

2

$$I \div 6 = \frac{\square}{\square} = I \times \frac{\square}{\square}$$

3

$$I \div 8 = \frac{\square}{\square} = I \times \frac{\square}{\square}$$

 보기 와 같이 나눗셈을 곱셈으로 나타내시오. [4~7]

$$1 \div 10 = 1 \times \dfrac{1}{10}$$

4 $1 \div 5 =$ ________________

5 $1 \div 7 =$ ________________

6 $1 \div 11 =$ ________________

7 $1 \div 13 =$ ________________

나눗셈의 몫을 분수로 나타내시오. [8~13]

8 $1 \div 2$

9 $1 \div 4$

10 $1 \div 9$

11 $1 \div 14$

12 $1 \div 15$

13 $1 \div 21$

사고력 학습

I-197a

이름 :

날짜 :

시간 : 　시　　분 ~ 　시　　분

확인

◆ 1 ÷ (자연수)를 곱셈으로 나타내기(2) ◆

1 빈칸에 알맞은 수를 써넣으시오.

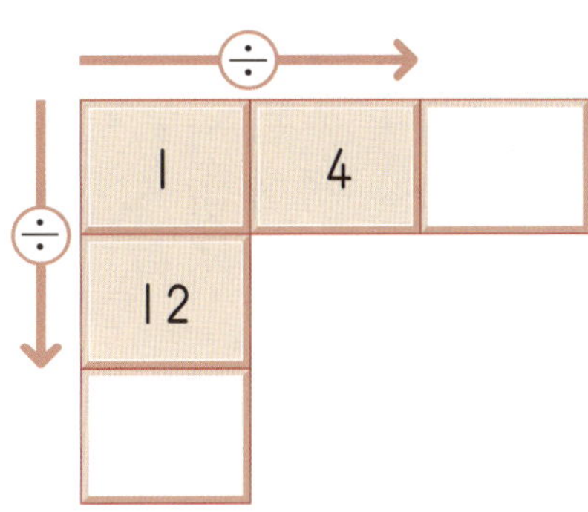

2 나눗셈의 몫의 크기를 비교하여 ◯ 안에 >, =, < 를 알맞게 써넣으시오.

$$1 \div 2 \bigcirc 1 \div 10$$

3 나눗셈의 몫을 분수로 잘못 나타낸 것을 찾아 기호를 쓰시오.

$$㉠ \ 1 \div 6 = \frac{1}{6} \qquad ㉡ \ 1 \div 8 = \frac{1}{8}$$

$$㉢ \ 1 \div 9 = \frac{1}{9} \qquad ㉣ \ 1 \div 17 = \frac{17}{1}$$

[답]

4 나눗셈의 몫이 작은 것부터 차례로 기호를 쓰시오.

> ㉠ $1 \div 18$ ㉡ $1 \div 7$
> ㉢ $1 \div 16$ ㉣ $1 \div 3$

[답] ______________________

5 1m의 색 테이프를 5명이 똑같이 나누어 가지려고 합니다. 한 사람이 몇 m 씩 가질 수 있는지 분수로 나타내시오.

[식] ______________________ [답] ______________________

6 똑같은 참외 4개가 담긴 바구니는 $1\frac{1}{9}$ kg입니다. 빈 바구니가 $\frac{1}{9}$ kg일 때, 참외 한 개는 몇 kg인지 분수로 나타내시오.

[답] ______________________

사고력 학습

◆ (자연수)÷(자연수)를 곱셈으로 나타내기(1) ◆

1 가로가 3cm, 세로가 1cm, 넓이가 $3cm^2$인 직사각형을 이용하여 3÷4를 곱셈으로 나타내려고 합니다. 물음에 답하시오.

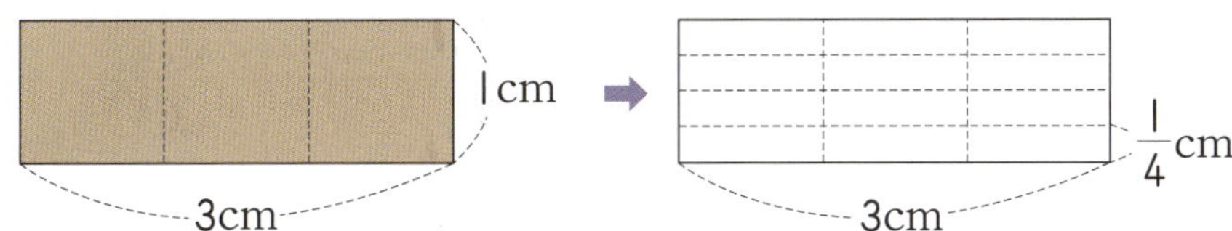

(1) 위의 오른쪽 그림에 3÷4의 몫만큼을 색칠하고 분수로 나타내시오.

$$3 \div 4 = \frac{\square}{\square}$$

(2) 위에서 색칠한 부분의 넓이를 곱셈으로 나타내시오.

$$\frac{3}{4} = 3 \times \frac{\square}{\square}$$

(3) 3÷4를 곱셈으로 나타내시오.

$$3 \div 4 = \frac{\square}{\square} = 3 \times \frac{\square}{\square}$$

2 그림을 보고 □ 안에 알맞은 수를 써넣으시오.

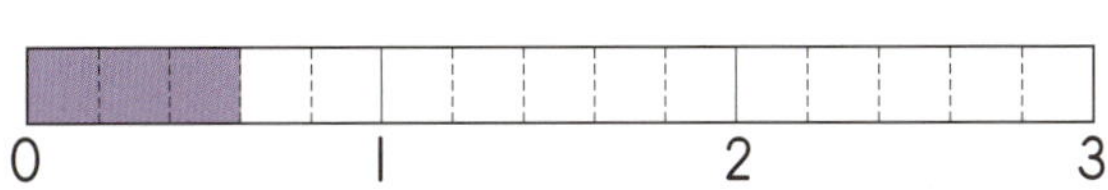

$$3 \div 5 = \frac{\square}{\square} = 3 \times \frac{\square}{\square}$$

사고력 학습

🐸 **보기** 와 같이 나눗셈을 곱셈으로 나타내시오. [3~6]

> **보기**
>
> $$6 \div 7 = 6 \times \frac{1}{7}$$

3 $2 \div 5 =$ ______________

4 $5 \div 9 =$ ______________

5 $8 \div 11 =$ ______________

6 $14 \div 17 =$ ______________

🐸 나눗셈의 몫을 분수로 나타내시오. [7~12]

7 $3 \div 8$

8 $4 \div 7$

9 $5 \div 9$

10 $8 \div 13$

11 $10 \div 17$

12 $15 \div 22$

✿ 이름 :
✿ 날짜 :
✿ 시간 :　　시　　분 ～　　시　　분

확인

◆ (자연수)÷(자연수)를 곱셈으로 나타내기(2) ◆

1 빈 곳에 알맞은 수를 써넣으시오.

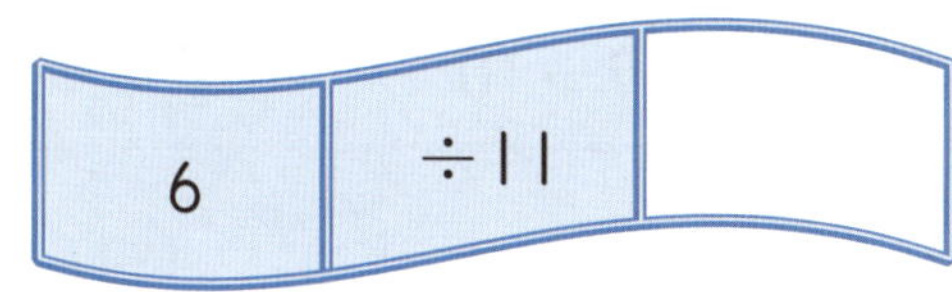

2 ㉠－㉡을 구하시오.

㉠ $9 \div 10$	㉡ $4 \div 5$

[답]

3 나눗셈의 몫의 크기를 비교하여 ○ 안에 ＞, ＝, ＜를 알맞게 써넣으시오.

$$7 \div 12 \bigcirc 11 \div 16$$

4 나눗셈의 몫을 분수로 잘못 나타낸 것을 찾아 기호를 쓰시오.

㉠ $3 \div 7 = \dfrac{3}{7}$　　　㉡ $7 \div 9 = \dfrac{7}{9}$

㉢ $6 \div 13 = \dfrac{13}{6}$　　　㉣ $12 \div 29 = \dfrac{12}{29}$

[답]

사고력 학습

5 나눗셈의 몫이 큰 것부터 차례로 기호를 쓰시오.

ㄱ 3÷4   ㄴ 5÷12
ㄷ 7÷10   ㄹ 5÷6

[답]

6 5L의 주스를 7개의 병에 똑같이 나누어 담으려고 합니다. 한 병에 몇 L의 주스를 담을 수 있는지 분수로 나타내시오.

[식]   [답]

7 둘레가 4cm인 정오각형이 있습니다. 이 정오각형의 한 변은 몇 cm인지 분수로 나타내시오.

[식]   [답]

 사고력 학습

◆ (진분수)÷(자연수)(1) ◆

1 $\dfrac{3}{5} \div 4$ 를 계산하려고 합니다. 물음에 답하시오.

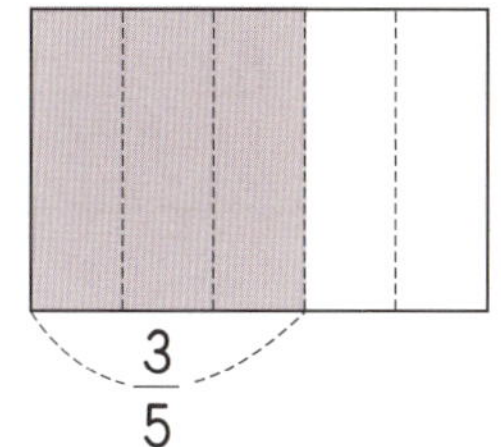

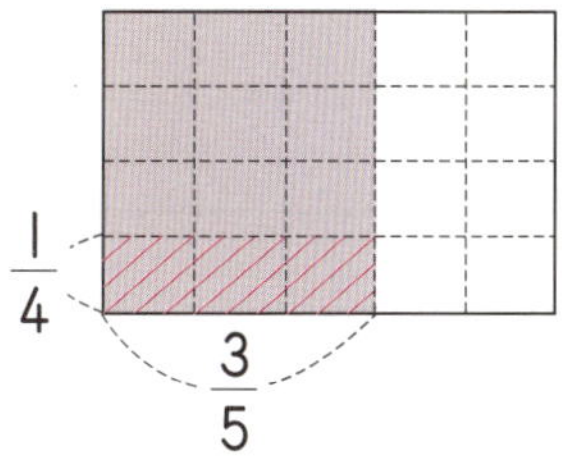

(1) 위의 오른쪽 그림에서 빗금친 부분의 넓이를 곱셈으로 나타내어 구하시오.

$$\frac{3}{5} \div 4 = \frac{3}{5} \times \frac{\square}{\square} = \frac{\square}{\square}$$

(2) $\dfrac{3}{5} \div 4$ 의 값을 계산할 때, 분모 5에 4를 곱하여 계산하시오.

$$\frac{3}{5} \div 4 = \frac{3}{5 \times \square} = \frac{\square}{\square}$$

🐸 □ 안에 알맞은 수를 써넣으시오. [2~3]

2 $\dfrac{5}{6} \div 3 = \dfrac{5}{6 \times \square} = \dfrac{\square}{\square}$

3 $\dfrac{9}{13} \div 2 = \dfrac{9}{13 \times \square} = \dfrac{\square}{\square}$

보기 와 같이 계산하시오. [4~5]

보기

$$\frac{5}{9} \div 10 = \frac{5}{9 \times \overset{2}{10}} = \frac{1}{18}$$

4 $\dfrac{3}{7} \div 6 =$ _______________

5 $\dfrac{10}{11} \div 5 =$ _______________

다음을 계산하여 기약분수로 나타내시오. [6~11]

6 $\dfrac{3}{4} \div 9$

7 $\dfrac{8}{9} \div 10$

8 $\dfrac{2}{5} \div 12$

9 $\dfrac{7}{12} \div 21$

10 $\dfrac{8}{15} \div 12$

11 $\dfrac{15}{23} \div 10$

◆ **(진분수)÷(자연수)(2)** ◆

1 빈칸에 알맞은 수를 써넣으시오.

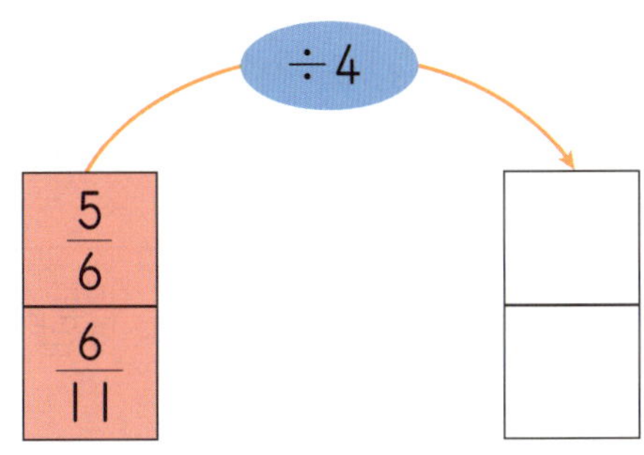

2 나눗셈의 몫의 크기를 비교하여 ○ 안에 >, =, <를 알맞게 써넣으시오.

$$\frac{3}{8} \div 5 \ \bigcirc \ \frac{3}{20} \div 6$$

3 나눗셈의 몫을 잘못 나타낸 것을 찾아 기호를 쓰시오.

$$㉠\ \frac{2}{3} \div 6 = \frac{1}{9} \qquad ㉡\ \frac{7}{9} \div 4 = \frac{7}{36}$$

$$㉢\ \frac{9}{13} \div 12 = \frac{3}{52} \qquad ㉣\ \frac{2}{21} \div 7 = \frac{2}{3}$$

[답]

사고력 학습

4 나눗셈의 몫이 가장 큰 것을 찾아 기호를 쓰시오.

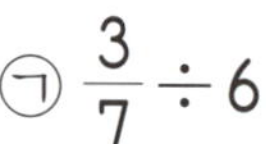

$$ ㉠\ \frac{3}{7} \div 6 \qquad\qquad ㉡\ \frac{4}{5} \div 3 $$

$$ ㉢\ \frac{10}{11} \div 5 \qquad\qquad ㉣\ \frac{8}{9} \div 4 $$

[답]

5 어떤 수에 15를 곱하였더니 $\dfrac{12}{19}$ 가 되었습니다. 어떤 수는 얼마입니까?

[답]

6 재범이는 우유 $\dfrac{24}{25}$ L를 3일 동안 똑같이 나누어 마셨습니다. 재범이가 하루에 마신 우유는 몇 L입니까?

[식] [답]

사고력 학습

I-202a

❀ 이름 :

❀ 날짜 :

❀ 시간 :　　시　　분 ~ 　　시　　분

확인

◆ **(가분수)÷(자연수)(1)** ◆

1 $\dfrac{8}{3} \div 4$ 를 계산하려고 합니다. 물음에 답하시오.

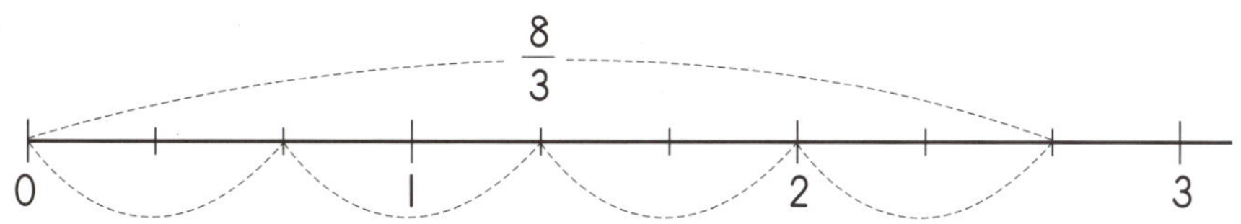

(1) 수직선을 보고 $\dfrac{8}{3} \div 4$ 의 몫을 분수로 나타내시오.

$$\dfrac{8}{3} \div 4 = \dfrac{\square}{\square}$$

(2) $\dfrac{8}{3} \div 4$ 를 계산하여 기약분수로 나타내시오.

$$\dfrac{8}{3} \div 4 = \dfrac{8}{3 \times \square} = \dfrac{\square}{\square} = \dfrac{\square}{\square}$$

🐸 다음을 계산하여 기약분수로 나타내시오. [2~3]

2 $\dfrac{9}{4} \div 6 = \dfrac{9}{4 \times \square} = \dfrac{\square}{\square} = \dfrac{\square}{\square}$

3 $\dfrac{21}{10} \div 7 = \dfrac{21}{10 \times \square} = \dfrac{\square}{\square} = \dfrac{\square}{\square}$

보기 와 같이 계산하시오. [4~5]

보기

$$\frac{15}{8} \div 9 = \frac{\overset{5}{\cancel{15}}}{8 \times \underset{3}{\cancel{9}}} = \frac{5}{24}$$

4 $\dfrac{3}{2} \div 3 =$ _____________

5 $\dfrac{24}{13} \div 20 =$ _____________

다음을 계산하여 기약분수로 나타내시오. [6~11]

6 $\dfrac{7}{3} \div 14$

7 $\dfrac{5}{4} \div 15$

8 $\dfrac{21}{6} \div 12$

9 $\dfrac{20}{9} \div 6$

10 $\dfrac{13}{11} \div 13$

11 $\dfrac{30}{23} \div 12$

◆ **(가분수)÷(자연수)(2)** ◆

1 □ 안에 알맞은 수를 써넣으시오.

$$\frac{7}{2} \rightarrow \boxed{\div 4} \rightarrow \boxed{}$$

2 나눗셈의 몫의 크기를 비교하여 ○ 안에 >, =, <를 알맞게 써넣으시오.

$$\frac{11}{4} \div 11 \quad \bigcirc \quad \frac{10}{9} \div 10$$

3 ㉠－㉡을 구하시오.

$$㉠\ \frac{8}{3} \div 3 \qquad ㉡\ \frac{25}{6} \div 5$$

[답] _______________________

4 □ 안에 알맞은 수를 써넣으시오.

$$\boxed{} \times 12 = \frac{30}{7}$$

5 몫이 I보다 큰 것을 찾아 기호를 쓰시오.

$$\bigcirc \ \frac{5}{4} \div 5 \qquad\qquad \bigcirc \ \frac{16}{11} \div 2$$

$$\bigcirc \ \frac{14}{9} \div 7 \qquad\qquad \bigcirc \ \frac{15}{2} \div 3$$

[답]

6 넓이가 $\dfrac{45}{8}$cm², 가로가 9cm인 직사각형이 있습니다. 이 직사각형의 세로는 몇 cm입니까?

[식]　　　　　　　　　　　　　　　　[답]

7 길이가 $\dfrac{39}{10}$m인 끈을 모두 사용하여 가장 큰 정삼각형 한 개를 만들었습니다. 정삼각형의 한 변은 몇 m입니까?

[식]　　　　　　　　　　　　　　　　[답]

 사고력 학습

✿ 이름 :

✿ 날짜 :

✿ 시간 :　　시　　분 ～　　시　　분

◆ **(대분수)÷(자연수)(1)** ◆

1 $1\frac{1}{3} \div 2$를 계산하려고 합니다. 물음에 답하시오.

(1) $1\frac{1}{3} \div 2$에서 대분수를 가분수로 나타내시오.

$$1\frac{1}{3} \div 2 = \frac{\Box}{3} \div 2$$

(2) $1\frac{1}{3} \div 2$를 계산하여 기약분수로 나타내시오.

$$1\frac{1}{3} \div 2 = \frac{\Box}{3} \div 2 = \frac{\Box}{3 \times \Box} = \frac{\Box}{\Box} = \frac{\Box}{\Box}$$

🐸 □ 안에 알맞은 수를 써넣으시오. [2～4]

2 $1\frac{1}{2} \div 5 = \frac{\Box}{2} \div 5 = \frac{\Box}{\Box \times \Box} = \frac{\Box}{\Box}$

3 $2\frac{3}{4} \div 3 = \frac{\Box}{4} \div 3 = \frac{\Box}{\Box \times \Box} = \frac{\Box}{\Box}$

4 $3\frac{1}{5} \div 7 = \frac{\Box}{5} \div 7 = \frac{\Box}{\Box \times \Box} = \frac{\Box}{\Box}$

사고력 학습

🐸 보기와 같이 계산하시오. [5~6]

$$2\frac{1}{4} \div 6 = \frac{9}{4} \div 6 = \frac{\overset{3}{\cancel{9}}}{4 \times \underset{2}{\cancel{6}}} = \frac{3}{8}$$

5 $1\frac{2}{3} \div 10 =$

6 $1\frac{3}{7} \div 15 =$

🐸 다음을 계산하여 기약분수로 나타내시오. [7~12]

7 $2\frac{2}{5} \div 8$

8 $1\frac{7}{8} \div 10$

9 $3\frac{1}{2} \div 14$

10 $4\frac{1}{5} \div 3$

11 $5\frac{4}{9} \div 7$

12 $3\frac{2}{11} \div 20$

사고력 학습

◆ (대분수)÷(자연수)(2) ◆

1 빈칸에 알맞은 수를 써넣으시오.

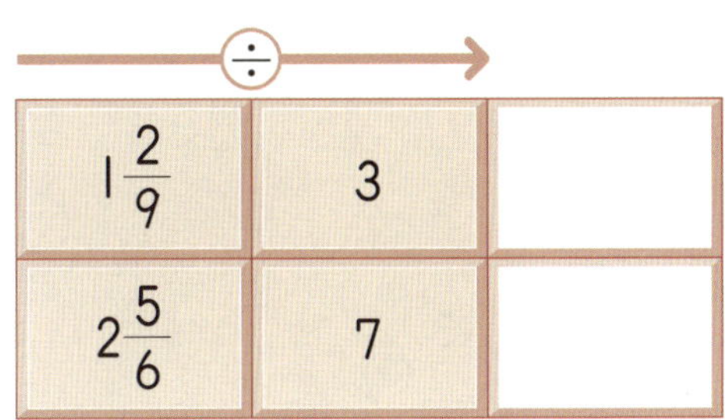

2 나눗셈의 몫을 찾아 선으로 이으시오.

(1) $2\dfrac{4}{7} \div 12$ •

(2) $6\dfrac{3}{11} \div 23$ •

• ㉠ $\dfrac{3}{8}$

• ㉡ $\dfrac{3}{11}$

• ㉢ $\dfrac{3}{14}$

3 나눗셈의 몫이 작은 것부터 차례로 ○ 안에 번호를 쓰시오.

$3\dfrac{4}{15} \div 7$

$2\dfrac{8}{9} \div 2$

$6\dfrac{3}{5} \div 9$

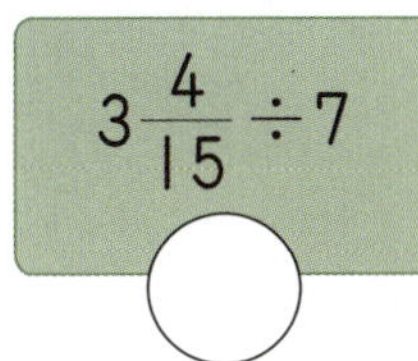

사고력 학습

4 □ 안에 알맞은 수를 써넣으시오.

$$15 \times \boxed{} = 12\frac{6}{7}$$

5 넓이가 $8\frac{5}{8}$ cm²인 정육각형을 똑같이 몇 등분한 것입니다. 색칠한 부분의 넓이는 몇 cm²입니까?

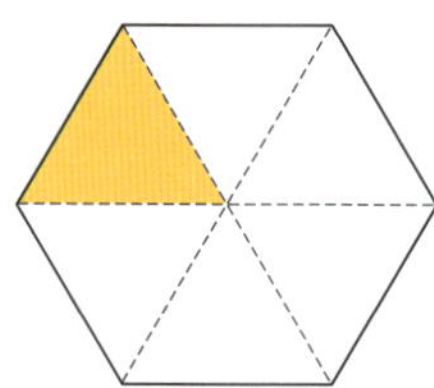

[식] _________________________ [답] _________________________

6 길이가 $4\frac{7}{12}$ m인 끈을 10명에게 똑같이 나누어 주려고 합니다. 한 명이 가질 수 있는 끈은 몇 m입니까?

[식] _________________________ [답] _________________________

 사고력 학습

l-206a

◆ 분수와 자연수의 혼합 계산(1) ◆

왼쪽에서부터 두 수씩 순서대로 계산하려고 합니다. ☐ 안에 알맞은 수를 써넣으시오. [1~2]

1 $\dfrac{3}{5} \div 4 \times 3 = \dfrac{3}{5 \times \boxed{}} \times 3 = \dfrac{3 \times \boxed{}}{\boxed{}} = \dfrac{\boxed{}}{\boxed{}}$

2 $1\dfrac{5}{9} \div 3 \div 7 = \dfrac{\boxed{}}{9} \div 3 \div 7 = \dfrac{\boxed{}}{9 \times \boxed{}} \div 7 = \dfrac{\boxed{14}}{\boxed{} \times 7} = \dfrac{\boxed{}}{\boxed{}}$

한꺼번에 계산한 후 기약분수로 나타내려고 합니다. ☐ 안에 알맞은 수를 써넣으시오. [3~4]

3 $\dfrac{11}{4} \times 3 \div 22 = \dfrac{\boxed{} \times \boxed{}}{4 \times \boxed{}} = \dfrac{\boxed{}}{\boxed{}} = \dfrac{\boxed{}}{8}$

4 $3\dfrac{1}{13} \div 5 \div 12 = \dfrac{\boxed{}}{13} \div 5 \div 12 = \dfrac{\boxed{}}{13 \times 5 \times \boxed{}} = \dfrac{\boxed{}}{\boxed{}} = \dfrac{\boxed{}}{39}$

보기 와 같이 계산하시오. [5~6]

$$\frac{5}{21} \times 7 \div 4 = \frac{5 \times \overset{1}{7}}{\underset{3}{21} \times 4} = \frac{5}{12}$$

5 $\dfrac{15}{8} \div 20 \times 3 =$

6 $\dfrac{14}{23} \div 5 \div 7 =$

다음을 계산하여 기약분수로 나타내시오. [7~10]

7 $\dfrac{5}{6} \div 8 \times 4$

8 $\dfrac{10}{9} \times 6 \div 5$

9 $2\dfrac{3}{4} \times 3 \div 22$

10 $3\dfrac{1}{13} \div 5 \div 12$

이름 :
날짜 :
시간 : 시 분 ~ 시 분

확인

◆ 분수와 자연수의 혼합 계산(2) ◆

1 □ 안에 알맞은 수를 써넣으시오.

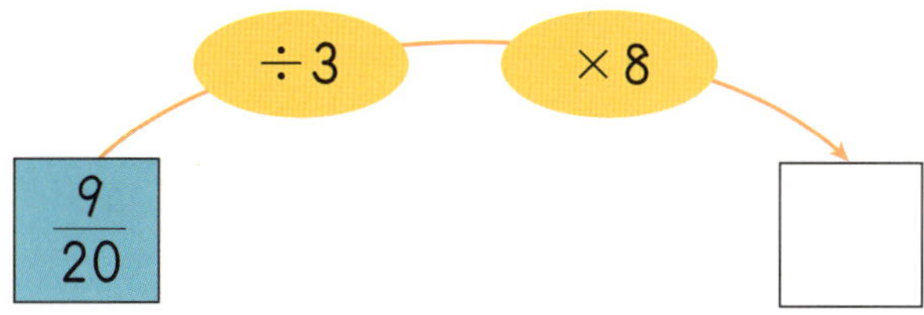

2 계산 결과가 다른 하나를 찾아 기호를 쓰시오.

㉠ $\frac{14}{9} \div 2 \div 5$　　㉡ $4\frac{1}{2} \div 3 \times 4$　　㉢ $\frac{6}{7} \times 21 \div 3$

[답]

3 계산 결과가 더 큰 것의 기호를 쓰시오.

㉠ $1\frac{5}{6} \times 12 \div 11$　　㉡ $3\frac{7}{15} \div 4 \div 9$

[답]

4 몫이 1보다 작은 것을 찾아 기호를 쓰시오.

$$\bigcirc \ 2\frac{4}{9} \times 6 \div 10 \qquad\qquad \bigcirc \ 10\frac{2}{5} \div 4 \div 2$$

$$\bigcirc \ 3\frac{1}{8} \div 5 \times 6 \qquad\qquad \textcircled{2} \ 5\frac{1}{4} \div 3 \div 2$$

[답]

5 10분에 $15\frac{1}{2}$ km를 달리는 자동차가 있습니다. 이 자동차가 같은 빠르기로 18분 동안 달린다면 몇 km를 갈 수 있습니까?

[식] [답]

6 똑같은 빵 5개의 무게가 $1\frac{1}{5}$ kg입니다. 빵 한 개를 두 사람이 똑같이 나누어 먹으면 한 사람이 먹게 되는 빵은 몇 kg입니까?

[식] [답]

 사고력 학습

✿ 이름 :

✿ 날짜 :

✿ 시간 :　　시　　분 ~ 　시　　분

확인

 창의력 학습

보물이 가득 들어 있는 동굴의 문을 열려면 나눗셈의 몫이 가장 작은 열쇠로 열어야 합니다. 다음 세 열쇠 중에서 동굴의 문을 열 수 있는 열쇠는 어느 것인지 기호를 쓰시오.

[답]

영민이는 마라톤 대회에 참가한 반 친구들을 응원하러 왔습니다. 몫이 1보다 큰 사람이 영민이네 반 친구입니다. 영민이가 응원해야 할 친구의 이름을 모두 쓰시오.

[답]

창의력 학습

 경시대회 예상문제

1 ㉠과 ㉡ 사이의 자연수는 모두 몇 개입니까?

> ㉠ $1 \div 4$　　　㉡ $29 \div 5$

[답] ________________

2 ㉠＊㉡＝(㉡－㉠)÷㉡일 때, 다음을 구하시오.

> $(4 * 11) * 3$

[답] ________________

3 □ 안에 들어갈 수 있는 가장 작은 자연수를 구하시오.

> $\dfrac{39}{4} \div 6 < □$

[답] ________________

4 ㉠은 ㉡의 몇 배인지 풀이 과정을 쓰고 답을 구하시오.

$$㉠ \ \frac{2}{3} \div 4 \qquad ㉡ \ 1\frac{1}{2} \times 4$$

[답]

5 $\frac{9}{11}$ m의 끈을 이용하여 똑같은 정삼각형 4개를 만들었습니다. 이 정삼각형의 한 변은 몇 m입니까?

[답]

6 어떤 수를 4로 나누어야 할 것을 잘못하여 곱하였더니 $4\frac{2}{5}$가 되었습니다. 바르게 계산하면 얼마입니까?

[답]

7 어떤 정사각형의 둘레가 $22\dfrac{2}{3}$ cm입니다. 이 정사각형의 넓이는 몇 cm²입니까?

[답]

8 □ 안에 들어갈 수 있는 자연수를 모두 구하시오.

$$\dfrac{4}{5} \times 13 \div 8 < \square < 2\dfrac{5}{8} \div 3 \times 5$$

[답]

9 4에서 9까지의 숫자 중 2개로 다음 식을 만들려고 합니다. 계산 결과가 가장 크게 되는 식을 만들 때 □ 안에 알맞은 숫자를 써넣고 계산 결과를 대분수로 나타내시오.

$$3\dfrac{3}{7} \div \square \times \square$$

[답]

10 직사각형 ㄱㄴㄷㄹ에서 선분 ㄴㅁ과 선분 ㄷㅁ의 길이가 같을 때, 색칠한 삼각형 ㄴㅁㄹ의 넓이는 몇 cm²입니까?

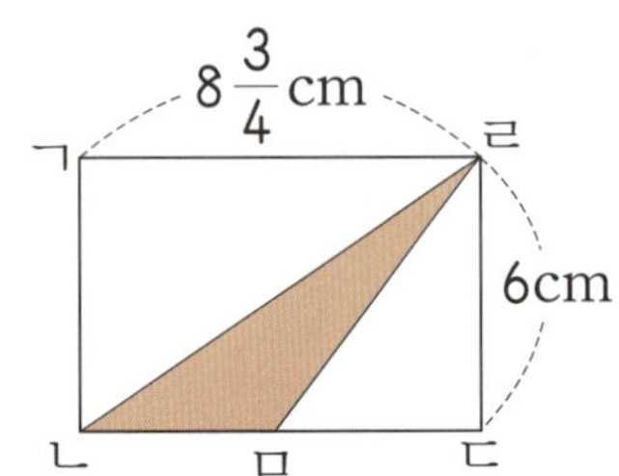

[답]

11 다음은 마름모입니다. 넓이가 더 넓은 마름모를 구하는 과정을 쓰고 답을 구하시오.

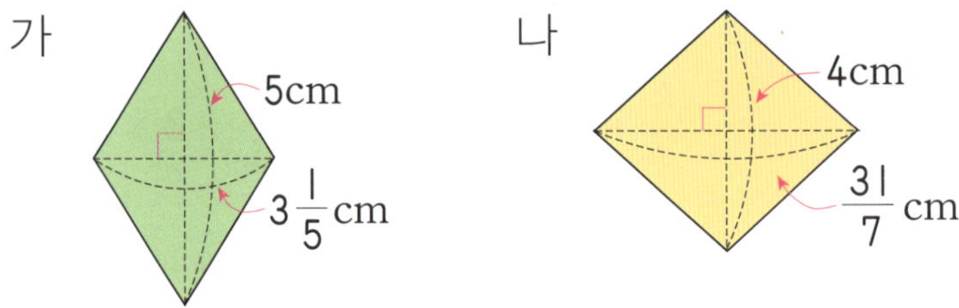

[답]

12 똑같은 멜론이 한 상자에 6개씩 들어 있습니다. 이 멜론 상자 7개는 $54\frac{3}{5}$ kg 이고, 빈 상자 한 개는 0.45kg입니다. 멜론 한 개는 몇 kg입니까?

[답]

학습 관리표

학습 내용		이번 주는?
도형의 대칭	· 선대칭도형 · 선대칭도형의 성질을 알고 그리기 · 선대칭의 위치에 있는 도형 / · 선대칭의 위치에 있는 도형의 성질을 알고 그리기 · 점대칭도형 · 점대칭도형의 성질을 알고 그리기 · 점대칭의 위치에 있는 도형 / · 점대칭의 위치에 있는 도형의 성질을 알고 그리기 · 창의력 학습 / · 경시대회 예상문제	• 학습 방법 : ① 매일매일　② 가끔　③ 한꺼번에 　　　　　 하였습니다. • 학습 태도 : ① 스스로 잘　② 시켜서 억지로 　　　　　 하였습니다. • 학습 흥미 : ① 재미있게　② 싫증내며 　　　　　 하였습니다. • 교재 내용 : ① 적합하다고　② 어렵다고　③ 쉽다고 　　　　　 하였습니다.

지도 교사가 부모님께	부모님이 지도 교사께

평가	Ⓐ 아주 잘함	Ⓑ 잘함	Ⓒ 보통	Ⓓ 부족함

원(교)   반   이름   전화

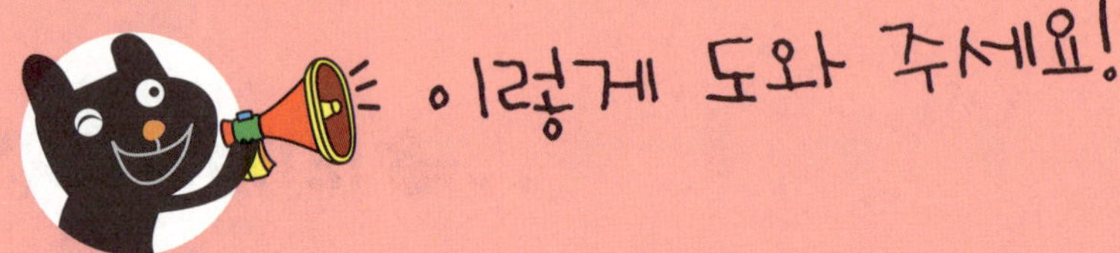

● 학습 목표
- 선대칭도형의 개념을 알고, 대칭축을 찾을 수 있습니다.
- 점대칭도형의 개념을 알고, 대칭의 중심을 찾을 수 있습니다.
- 선대칭도형과 점대칭도형의 성질을 알고 그릴 수 있습니다.
- 선대칭의 위치에 있는 도형의 개념을 알고, 대칭축을 찾을 수 있습니다.
- 점대칭의 위치에 있는 도형의 개념을 알고, 대칭의 중심을 찾을 수 있습니다.
- 선대칭의 위치에 있는 도형과 점대칭의 위치에 있는 도형의 성질을 알고 그릴 수
  있습니다.

● 지도 내용
- 선대칭도형과 대칭축의 뜻을 알고 찾아보게 합니다.
- 선대칭도형에서 대응점을 이은 선분은 대칭축과 수직으로 만나고, 각각의 대응점에
  서 대칭축까지의 거리가 같은 것을 알게 하고 그려 보게 합니다.
- 선대칭의 위치에 있는 도형과 대칭축의 뜻을 알고 선대칭도형과 비교하여 이해하게
  합니다.
- 선대칭의 위치에 있는 도형에서 대응점을 이은 선분은 대칭축과 수직으로 만나고,
  각각의 대응점에서 대칭축까지의 거리가 같은 것을 알게 하고 그려 보게 합니다.
- 점대칭도형과 대칭의 중심의 뜻을 알고 찾아보게 합니다.
- 점대칭도형에서 각각의 대응점에서 대칭의 중심까지의 거리가 같은 것을 알게 하고
  그려 보게 합니다.
- 점대칭의 위치에 있는 도형과 대칭의 중심의 뜻을 알고 점대칭도형과 비교하여 이
  해하게 합니다.
- 점대칭의 위치에 있는 도형에서 각각의 대응점에서 대칭의 중심까지의 거리가 같은
  것을 알게 하고 그려 보게 합니다.

● 지도 요점
이 단원에서는 이미 배운 삼각형, 사각형, 도형의 합동을 바탕으로 선대칭도형,
선대칭의 위치에 있는 도형, 점대칭도형, 점대칭의 위치에 있는 도형으로 나누어
학습하여 이에 대한 개념을 이해하도록 합니다.

❀ 이름 :

❀ 날짜 :

❀ 시간 : 　시　　분 ~ 　시　　분

확인

◆ **선대칭도형** ◆

> 한 도형을 어떤 직선으로 접었을 때 완전히 겹치는 도형을 선대칭도형이라고 합니다. 이때 그 직선을 대칭축이라고 합니다.

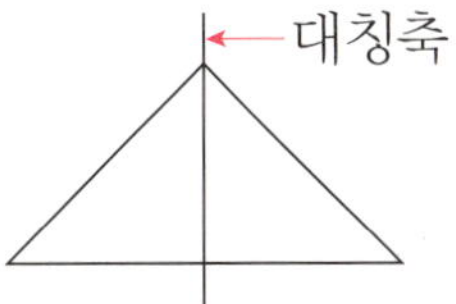

1 선대칭도형을 모두 찾아 쓰시오.

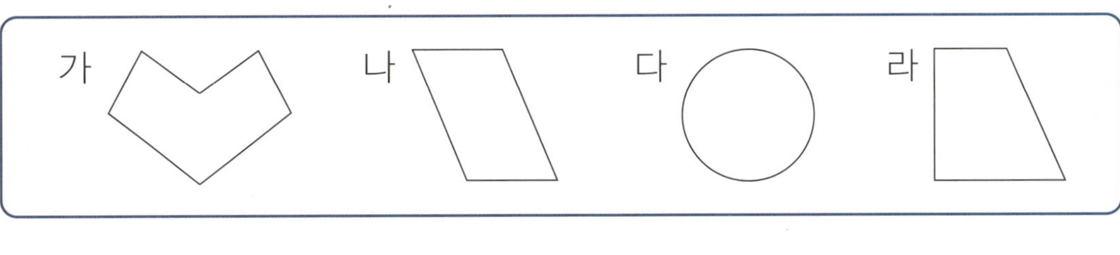

[답] ____________________

🐸 선대칭도형의 대칭축을 모두 그려 보시오. [2~3]

2

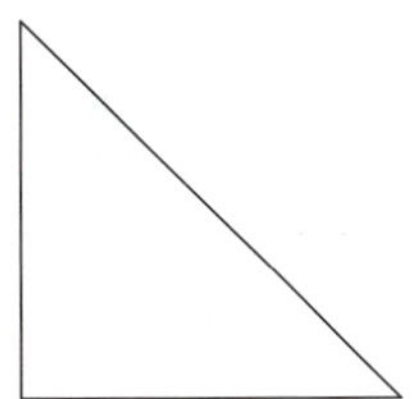

3

사고력 학습

🐸 선대칭도형의 대칭축은 모두 몇 개인지 구하시오. [4~5]

4 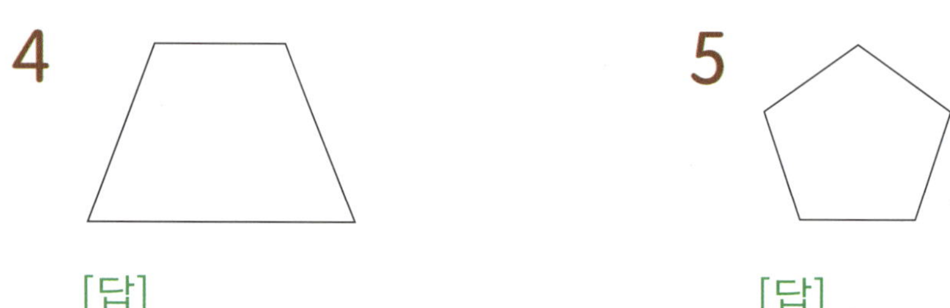

[답] ___________________

5

[답] ___________________

6 대칭축이 가장 많은 선대칭도형을 찾아 쓰시오.

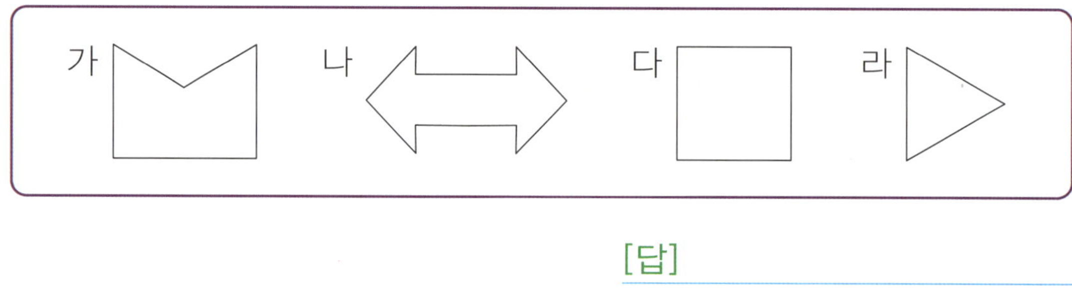

[답] ___________________

7 선대칭도형을 찾아 쓰고, 대칭축의 개수를 구하시오.

[답] ___________________

 사고력 학습

I-212a

✿ 이름 :

✿ 날짜 :

✿ 시간 :　　　시　　분 ~　　시　　분

◆ 선대칭도형의 성질을 알고 그리기(1) ◆

• 선대칭도형의 성질
① 대응변의 길이는 같습니다.
② 대응각의 크기는 같습니다.
③ 대응점을 이은 선분은 대칭축과 수직으로 만나고, 대칭축에 의해 길이가 같게 나누어집니다.

1 오른쪽 도형은 직선 ㅈㅊ을 대칭축으로 하는 선대칭도형입니다. ☐ 안에 알맞게 써넣으시오.

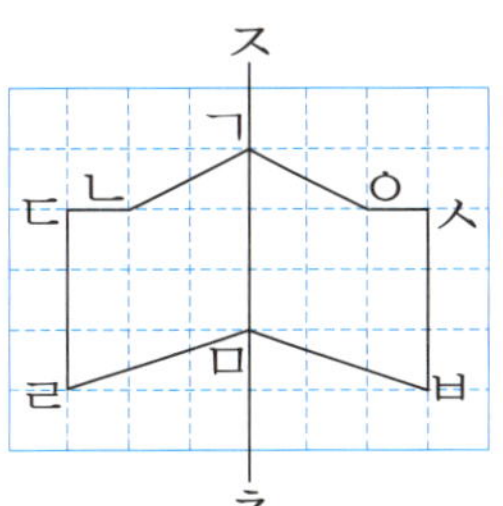

(1) 점 ㄹ의 대응점은 점 ☐ 입니다.

(2) 변 ㄷㄹ의 대응변은 변 ☐ 입니다.

(3) 각 ㄷㄹㅁ의 대응각은 각 ☐ 입니다.

2 오른쪽 도형은 직선 ㅊㅋ을 대칭축으로 하는 선대칭도형입니다. ☐ 안에 알맞게 써넣으시오.

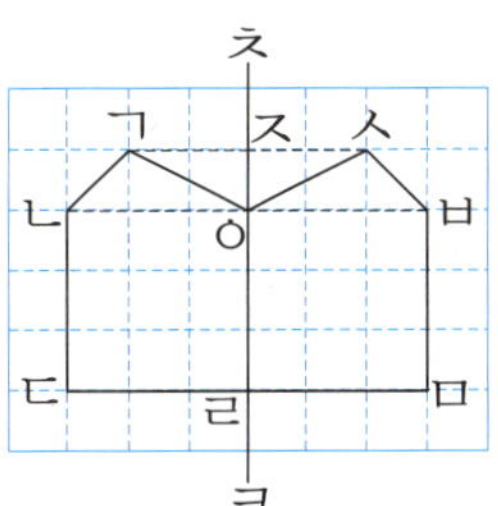

(1) 변 ㄱㄴ과 길이가 같은 변은 변 ☐ 입니다.

(2) 각 ㄱㄴㄷ과 크기가 같은 각은 각 ☐ 입니다.

(3) 선분 ㄱㅈ과 길이가 같은 선분은 선분 ☐ 입니다.

사고력 학습

🐸 다음은 직선 ㄱㄴ을 대칭축으로 하는 선대칭도형입니다. □ 안에 알맞은 수를 써넣으시오. [3~4]

3

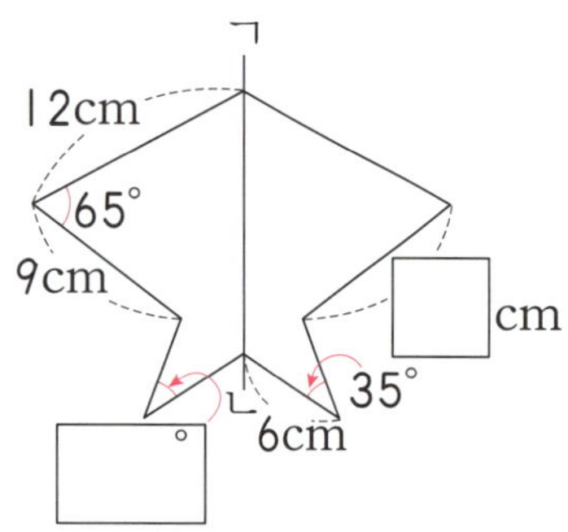

4

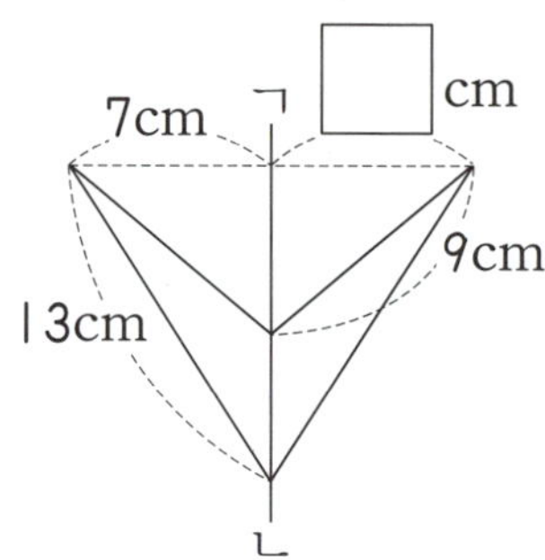

🐸 선대칭도형을 그리려고 합니다. 점 ㄱ, 점 ㄴ, 점 ㄷ의 대응점을 찾아 표시하시오. [5~6]

5

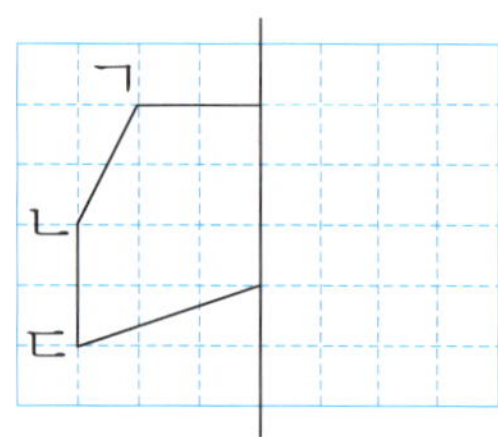

6

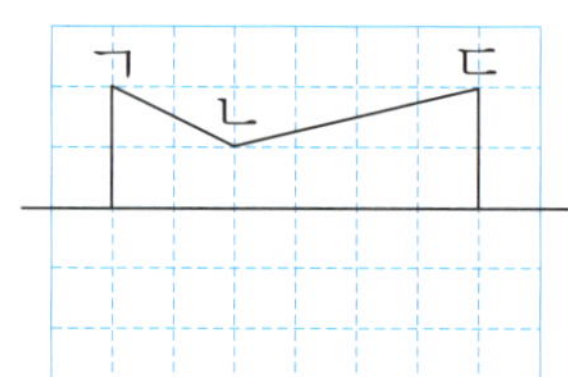

🐸 선대칭도형이 되도록 그림을 완성하시오. [7~8]

7

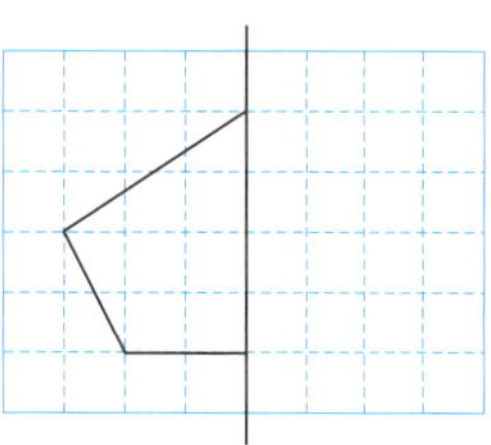

8

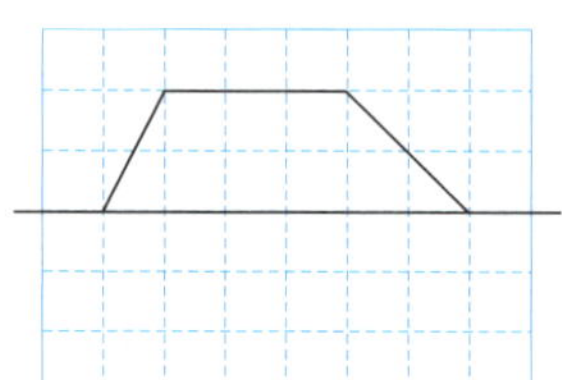

◆ **선대칭도형의 성질을 알고 그리기(2)** ◆

1 오른쪽은 직선 ㅈㅊ을 대칭축으로 하는 선대칭도형입니다. 도형의 둘레는 몇 cm입니까?

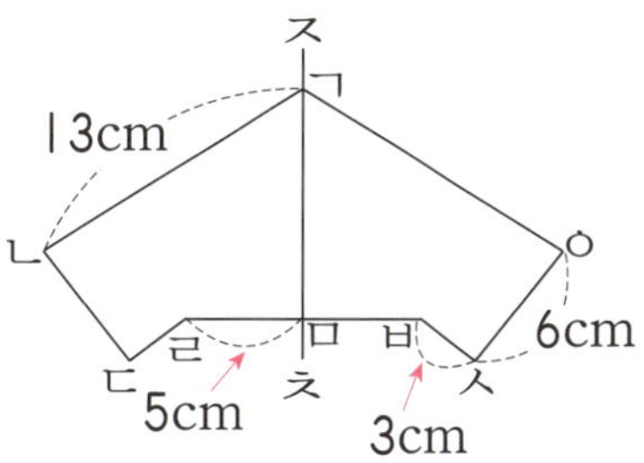

[답] ______________________

2 오른쪽은 직선 ㅅㅇ을 대칭축으로 하는 선대칭도형입니다. 각 ㄱㅂㅁ은 몇 도입니까?

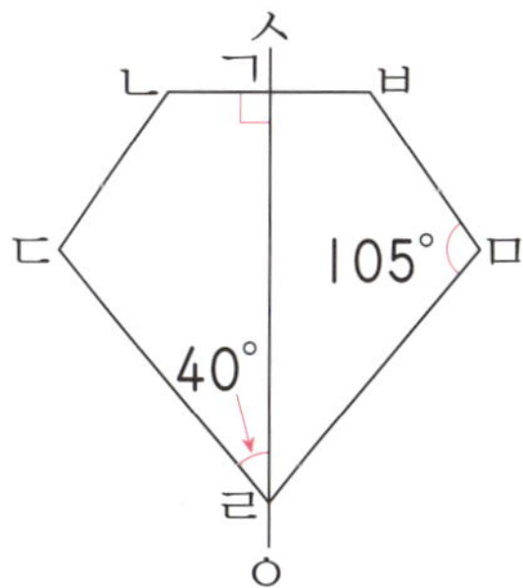

[답] ______________________

3 오른쪽은 직선 ㅅㅇ을 대칭축으로 하는 선대칭도형입니다. 도형의 둘레가 92cm일 때, 선분 ㄷㄹ은 몇 cm입니까?

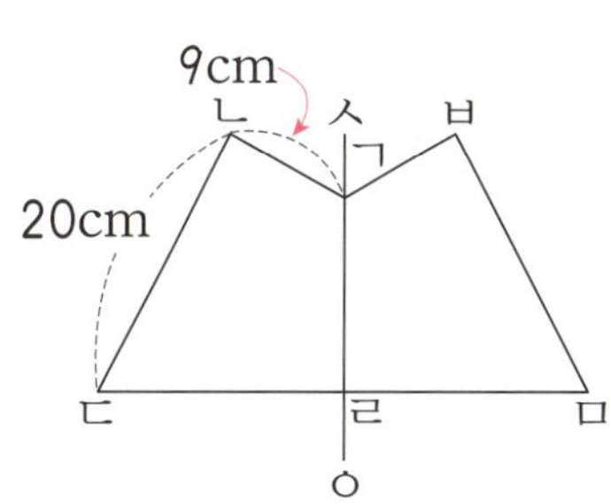

[답] ______________________

4 대칭축에 대하여 선대칭이 되도록 그려서 글자를 완성하시오.

CODE

5 직선 ㄱㄴ을 대칭축으로 하는 선대칭도형을 완성했을 때, 완성한 도형의 넓이는 몇 cm²입니까?

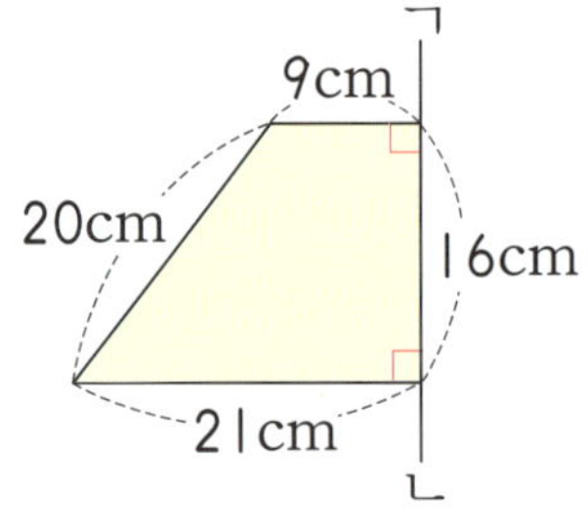

[답]

6 다음 도형을 직선 ㅁㅂ을 대칭축으로 하여 선대칭도형이 되도록 완성하였을 때, 완성한 도형의 넓이는 120cm²입니다. 선분 ㄱㄴ은 몇 cm입니까?

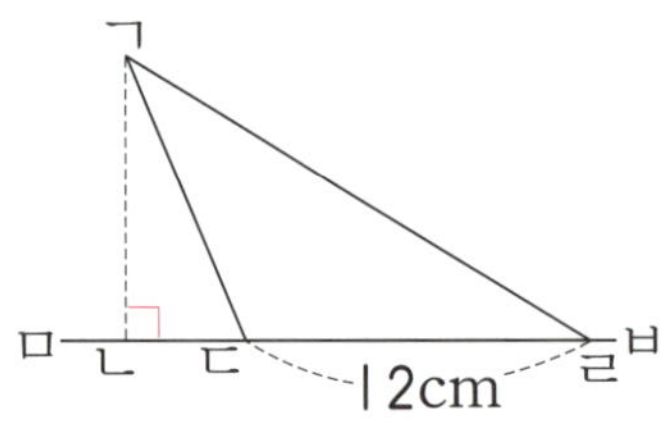

[답]

◆ 선대칭의 위치에 있는 도형 ◆

직선 ㄱㄴ을 따라 접었을 때, 완전히 겹치는 두 도형은 직선 ㄱㄴ에 대하여 선대칭의 위치에 있다고 하고, 두 도형을 선대칭의 위치에 있는 도형이라고 합니다. 이때 직선 ㄱㄴ을 대칭축이라고 합니다.

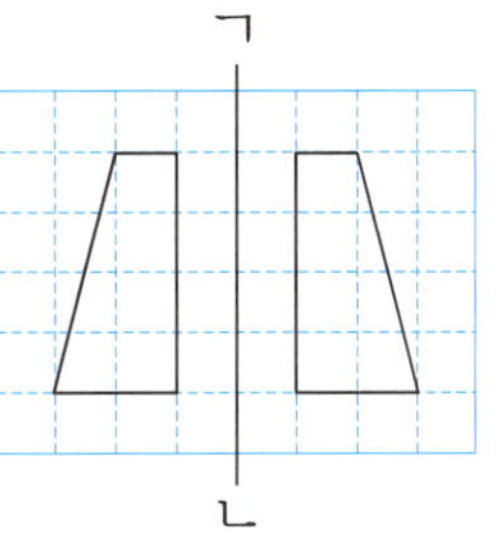

1 직선을 따라 접었을 때 두 도형이 완전히 겹치는 것을 찾아 쓰시오.

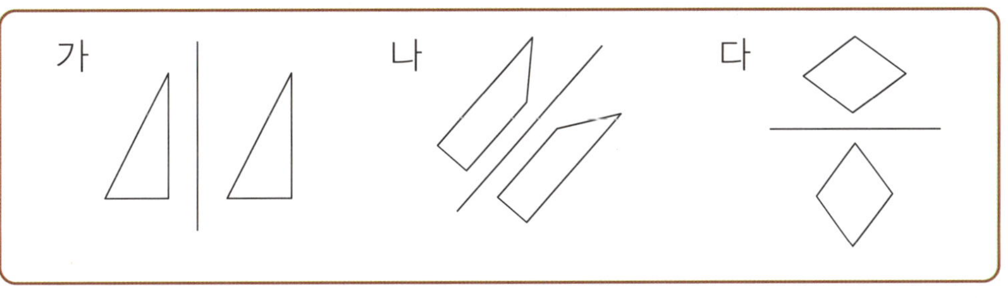

[답]

2 왼쪽 그림과 선대칭의 위치에 있는 도형을 찾아 ○표 하시오.

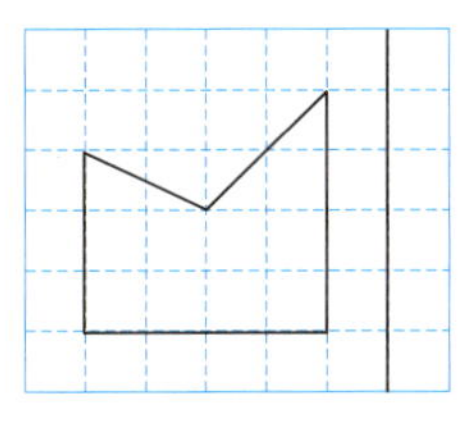

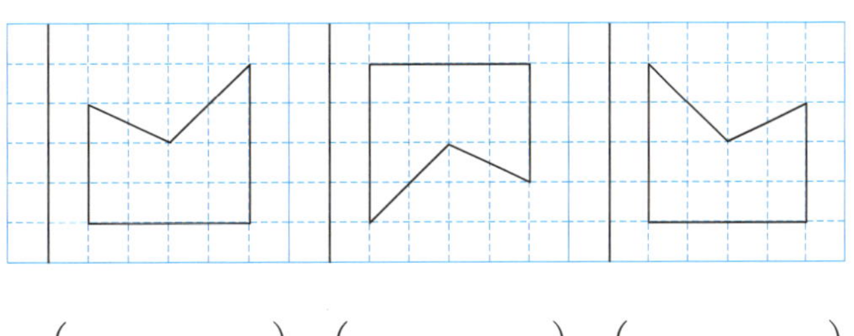

（　　　　） （　　　　） （　　　　）

사고력 학습

3 두 도형이 선대칭의 위치에 있는 도형이 되도록 대칭축을 그려 보시오.

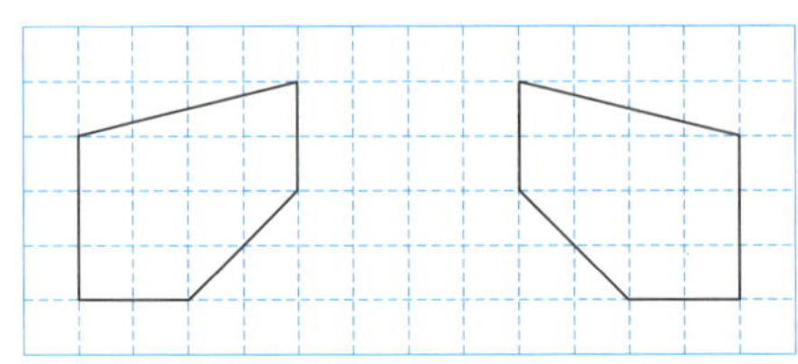

4 보기 의 도형과 선대칭의 위치에 있지 않은 도형을 찾아 쓰시오.

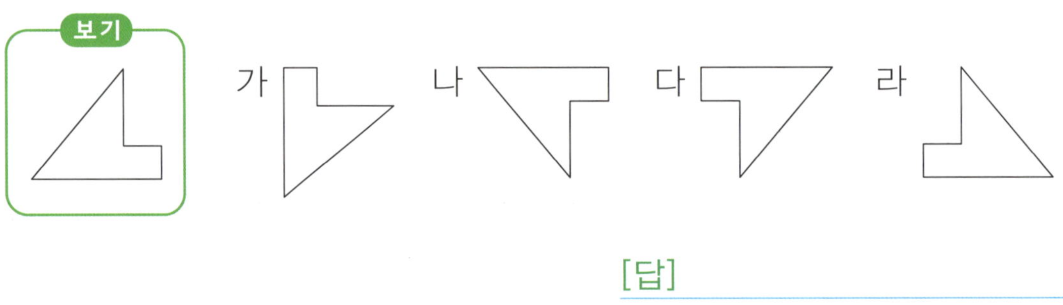

[답]

5 선대칭도형과 선대칭의 위치에 있는 도형을 비교하여 다른 점을 쓰시오.

◆ 선대칭의 위치에 있는 도형의 성질을 알고 그리기(1) ◆

- 선대칭의 위치에 있는 도형의 성질
  ① 대응변의 길이는 같습니다.
  ② 대응각의 크기는 같습니다.
  ③ 대응점을 이은 선분은 대칭축과 수직으로 만나고, 대칭축에 의해 길이가 같게 나누어집니다.

1 오른쪽 도형은 직선 ㅅㅇ을 대칭축으로 하는 선대칭의 위치에 있는 도형입니다. ☐ 안에 알맞게 써넣으시오.

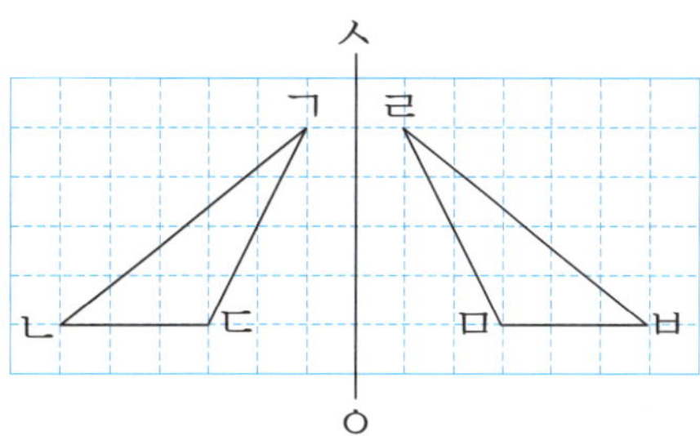

(1) 점 ㄱ의 대응점은 점 ☐ 입니다.

(2) 변 ㄴㄷ의 대응변은 변 ☐ 입니다.

(3) 각 ㄱㄴㄷ의 대응각은 각 ☐ 입니다.

2 오른쪽 도형은 직선 ㅍㅎ을 대칭축으로 하는 선대칭의 위치에 있는 도형입니다. ☐ 안에 알맞게 써넣으시오.

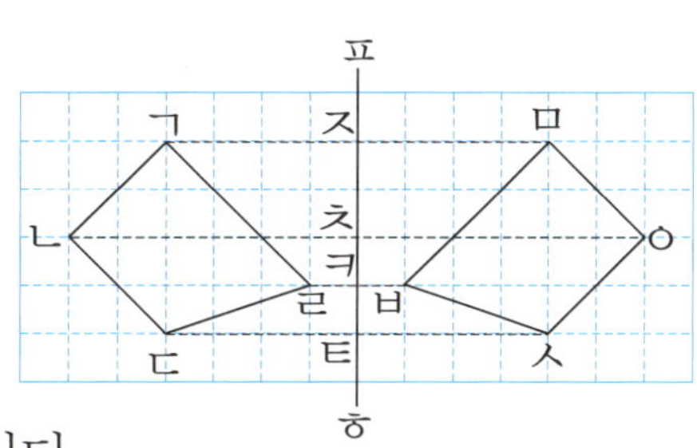

(1) 변 ㄷㄹ과 길이가 같은 변은 변 ☐ 입니다.

(2) 각 ㄱㄴㄷ과 크기가 같은 각은 각 ☐ 입니다.

(3) 선분 ㄴㅊ과 길이가 같은 선분은 선분 ☐ 입니다.

🐸 다음은 직선 ㄱㄴ을 대칭축으로 하는 선대칭의 위치에 있는 도형입니다. ☐ 안에 알맞은 수를 써넣으시오. [3~4]

3
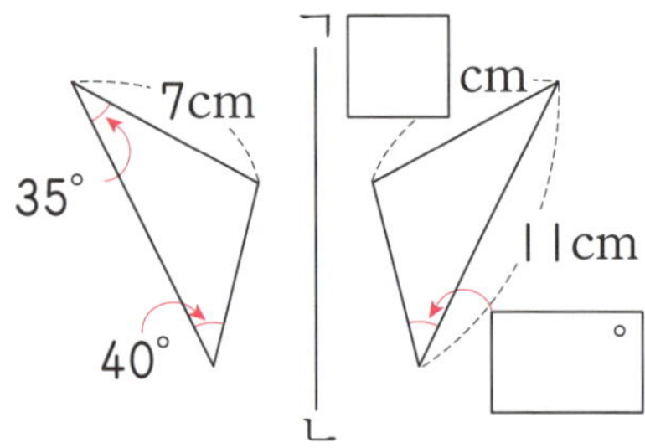

4
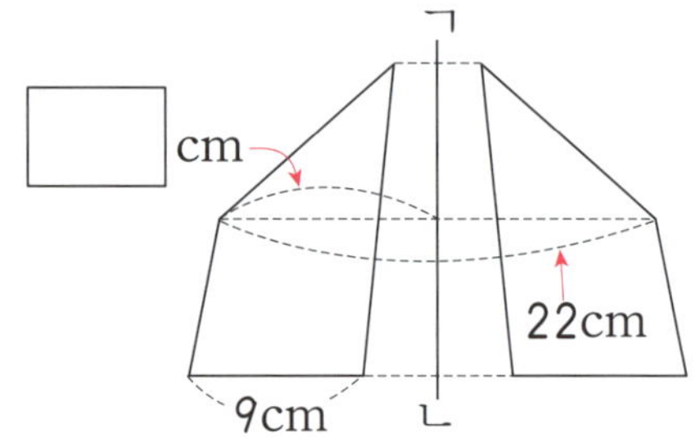

🐸 선대칭의 위치에 있는 도형을 그리려고 합니다. 각 점의 대응점을 찾아 표시하시오. [5~6]

5
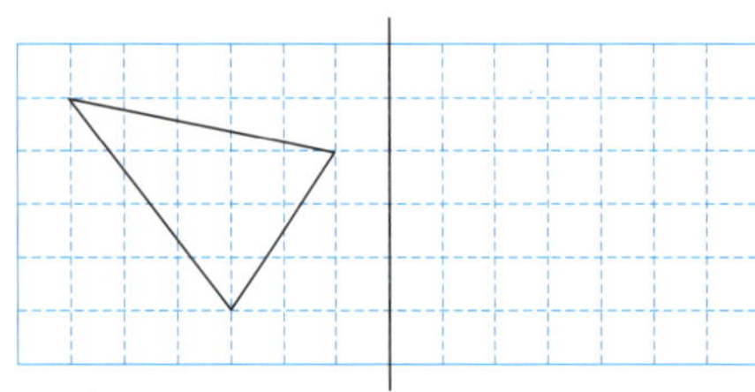

6
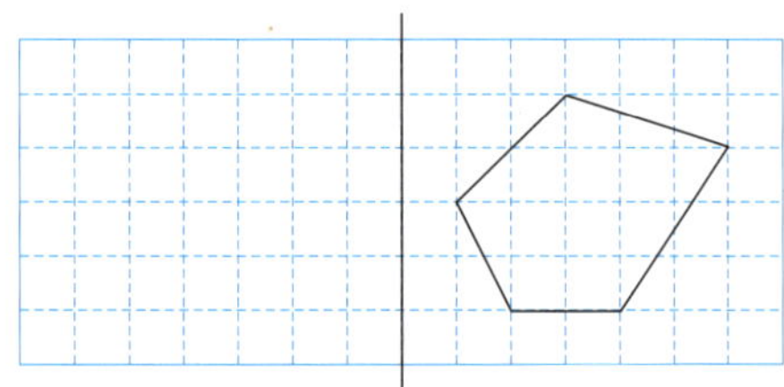

🐸 선대칭의 위치에 있는 도형을 그려 보시오. [7~8]

7
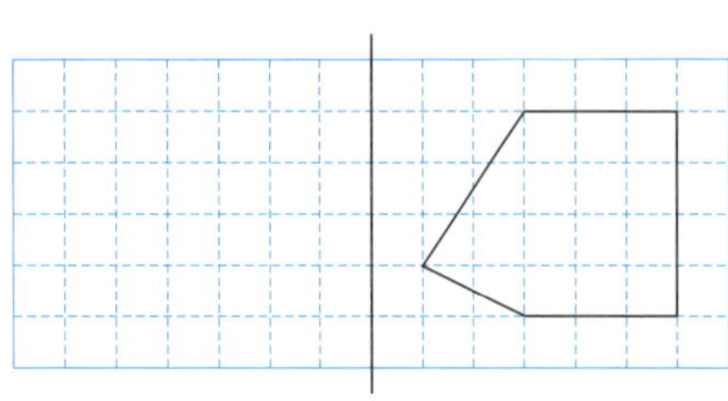

8
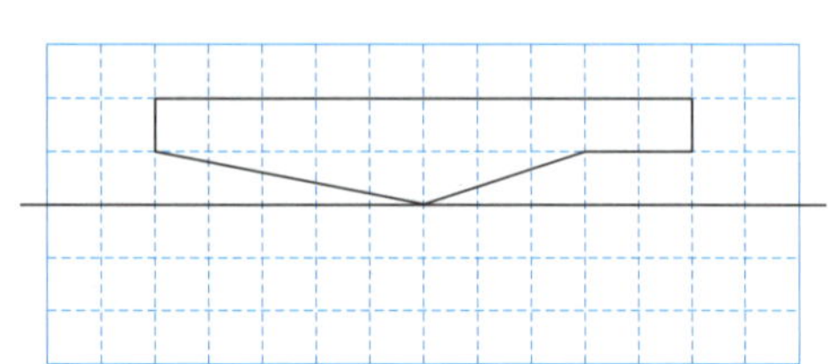

◆ 선대칭의 위치에 있는 도형의 성질을 알고 그리기(2) ◆

1 오른쪽은 직선 ㅅㅇ을 대칭축으로 하는 선대칭의 위치에 있는 도형입니다. 삼각형 ㄱㄴㄷ의 둘레는 몇 cm입니까?

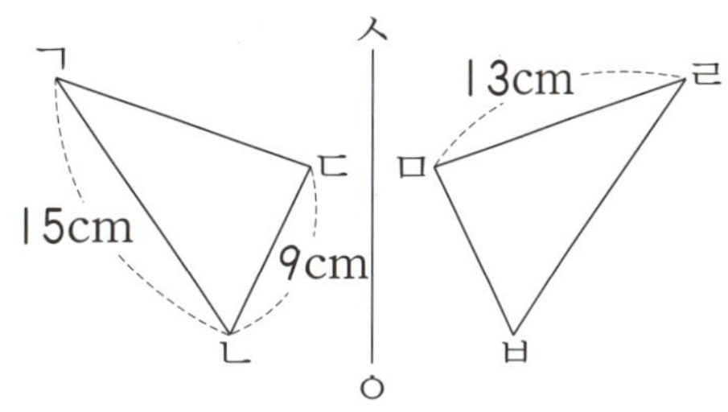

[답]

2 오른쪽은 직선 ㅈㅊ을 대칭축으로 하는 선대칭의 위치에 있는 도형입니다. 각 ㅇㅁㅂ은 몇 도입니까?

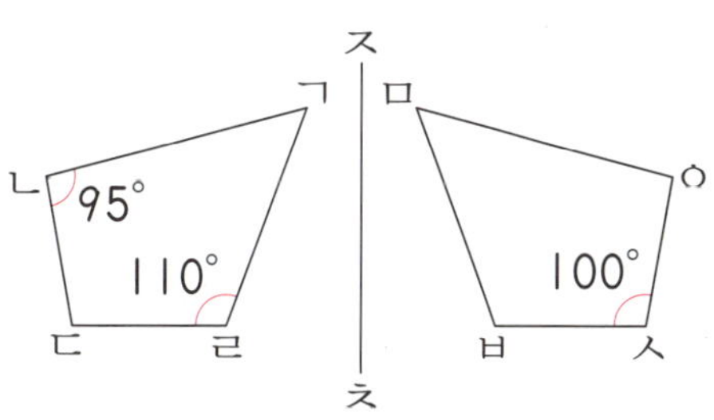

[답]

3 오른쪽 두 평행사변형은 직선 ㅊㅋ을 대칭축으로 하는 선대칭의 위치에 있는 도형입니다. 평행사변형 ㄱㄴㄹㅁ의 넓이가 96cm²일 때, 선분 ㄱㄷ은 몇 cm입니까?

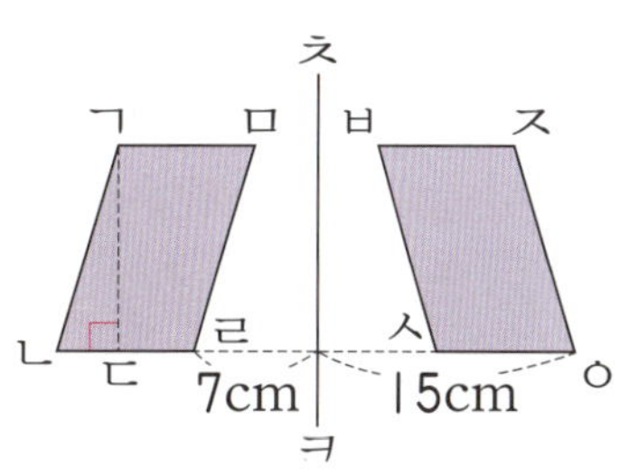

[답]

4 두 도형은 직선 ㅈㅊ을 대칭축으로 하여 선대칭의 위치에 있는 도형입니다. 각 ㄱㄷㅇ은 몇 도입니까?

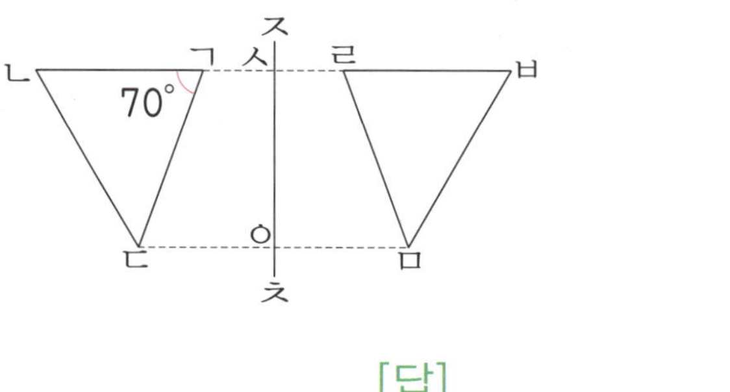

[답] ________________________

5 선대칭의 위치에 있는 도형을 그려 보시오.

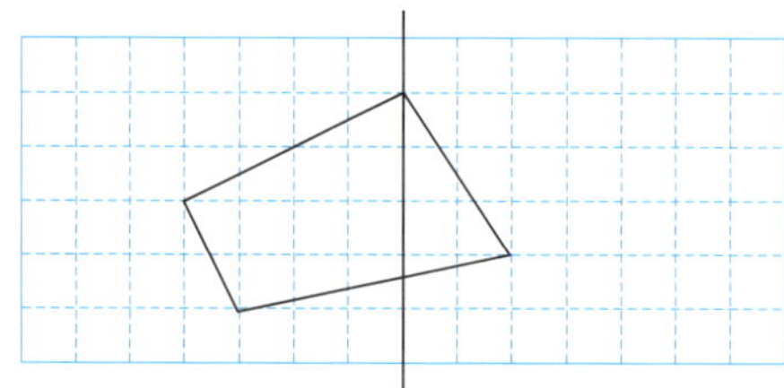

6 직선 ㄱㄴ을 대칭축으로 하여 선대칭의 위치에 있는 도형을 그리면 어떤 수가 됩니까?

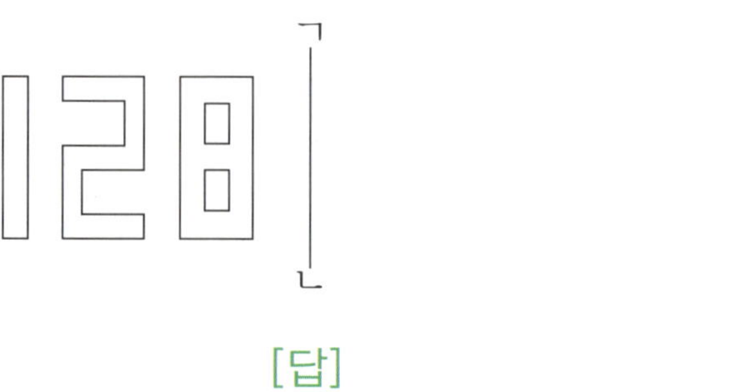

[답] ________________________

사고력 학습

◆ 점대칭도형 ◆

> 한 도형을 어떤 점을 중심으로 180° 돌렸을 때 처음 도형과 완전히 겹치는 도형을 점대칭도형이라고 합니다. 이때 그 점을 대칭의 중심이라고 합니다.

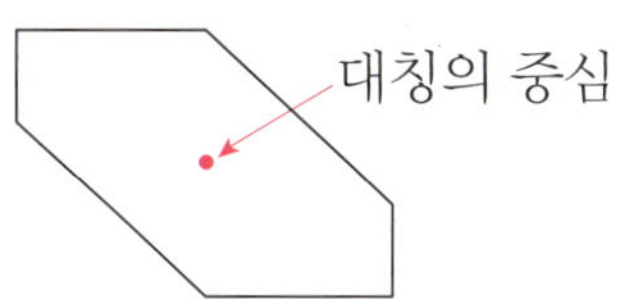

1 점대칭도형을 모두 찾아 쓰시오.

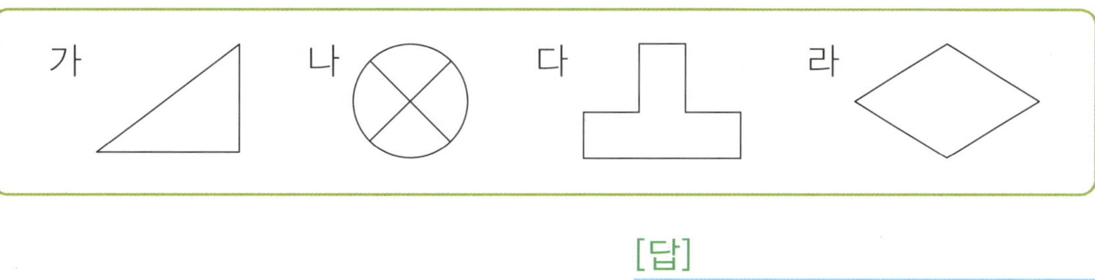

[답]

2 점대칭도형에서 대칭의 중심을 찾아 기호를 쓰시오.

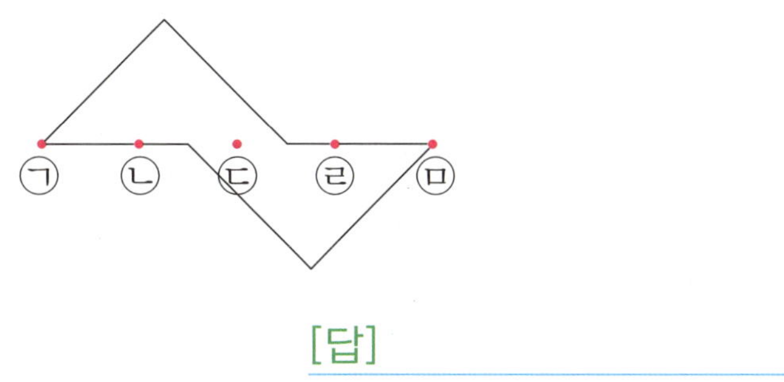

[답]

🐸 점대칭도형의 대칭의 중심을 찾아보시오. [3~4]

3 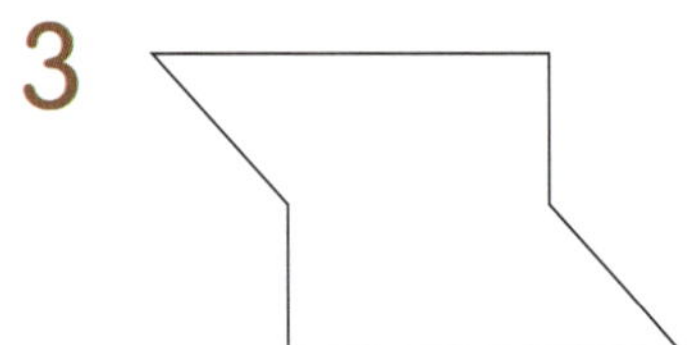

4 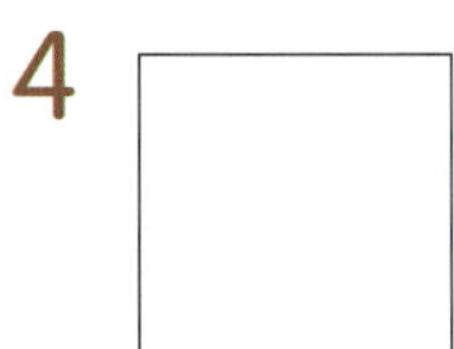

5 다음에서 점대칭도형에 ◯표 하고, 대칭의 중심을 찾아 표시하시오.

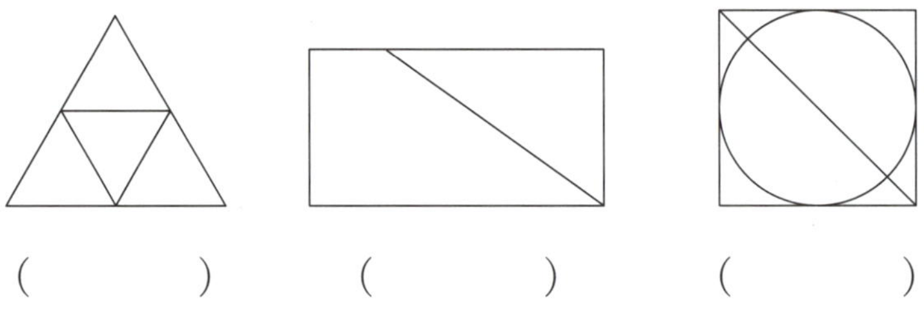

(   )   (   )   (   )

6 다음에서 점대칭도형인 자음은 모두 몇 개입니까?

[답]

◆ 점대칭도형의 성질을 알고 그리기(1) ◆

- 점대칭도형의 성질
  ① 대응변의 길이는 같습니다.
  ② 대응각의 크기는 같습니다.
  ③ 대응점을 이은 선분은 대칭의 중심에 의하여 길이가 같게 나누
  어집니다.

1 오른쪽 도형은 점 ㅈ을 대칭의 중심으로 하는 점대칭도형입니다. □ 안에 알맞게 써넣으시오.

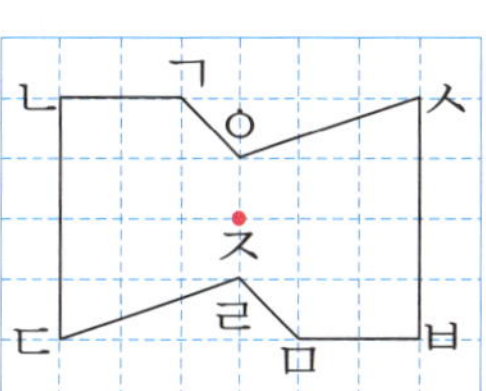

(1) 점 ㄷ의 대응점은 점 □ 입니다.

(2) 변 ㄷㄹ의 대응변은 변 □ 입니다.

(3) 각 ㄴㄷㄹ의 대응각은 각 □ 입니다.

2 오른쪽 도형은 점 ㅈ을 대칭의 중심으로 하는 점대칭도형입니다. □ 안에 알맞게 써넣으시오.

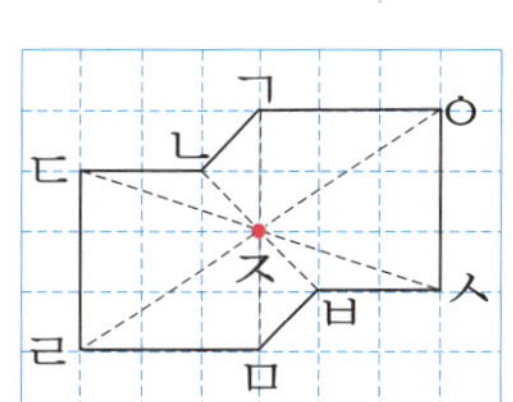

(1) 변 ㄱㅇ과 길이가 같은 변은 변 □ 입니다.

(2) 각 ㄱㅇㅅ과 크기가 같은 각은 각 □ 입니다.

(3) 선분 ㄷㅈ과 길이가 같은 선분은 선분 □ 입니다.

다음은 점 ㅇ을 대칭의 중심으로 하는 점대칭도형입니다. ☐ 안에 알맞은 수를 써 넣으시오. [3~4]

3 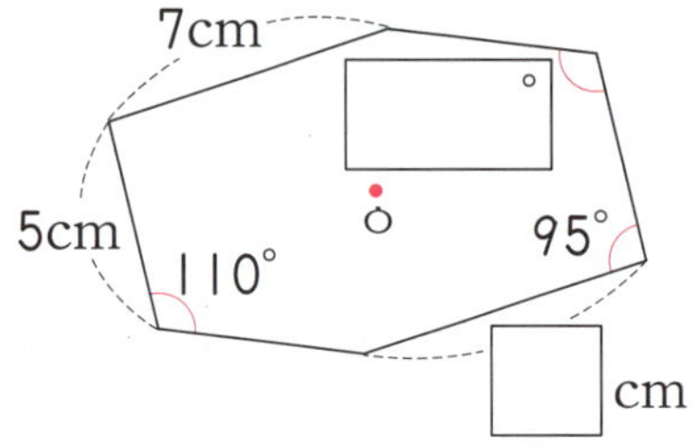

4 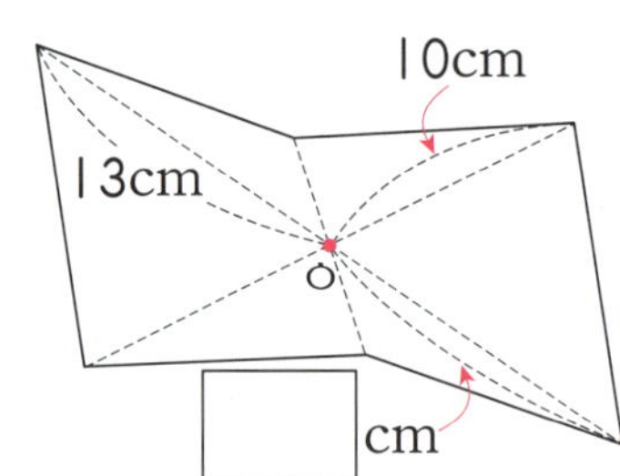

점대칭도형을 그리려고 합니다. 점 ㄱ, 점 ㄴ, 점 ㄷ의 대응점을 찾아 표시하시오. [5~6]

5 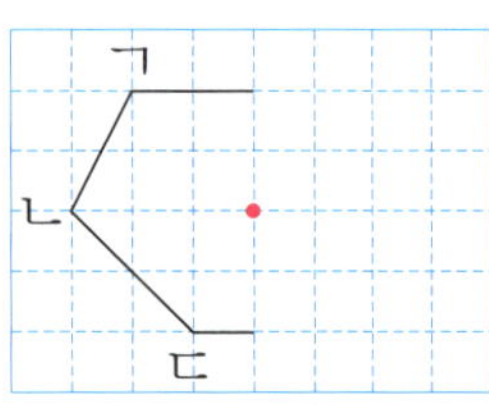

6 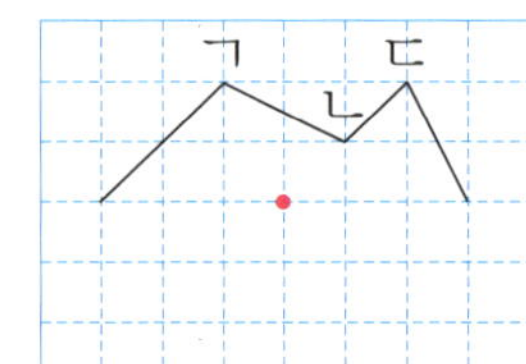

점대칭도형이 되도록 그림을 완성하시오. [7~8]

7 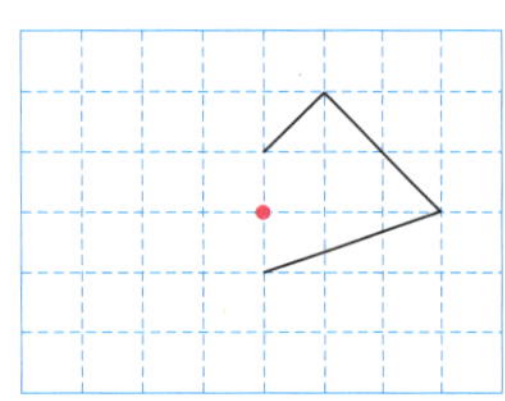

8 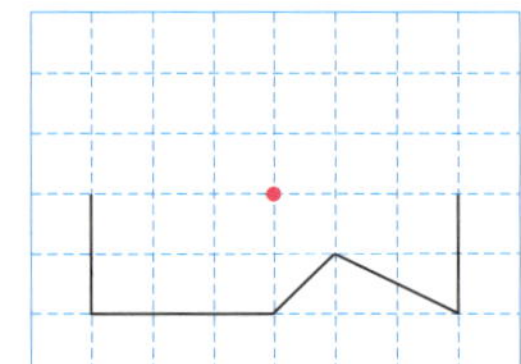

◆ 점대칭도형의 성질을 알고 그리기(2) ◆

1 오른쪽은 점 ㅅ을 대칭의 중심으로 하는 점대칭도형입니다. 도형의 둘레는 몇 cm입니까?

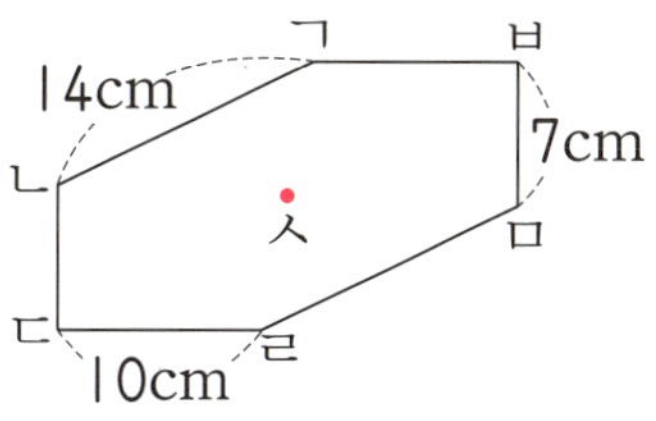

[답]

2 오른쪽은 점 ㅇ을 대칭의 중심으로 하는 점대칭도형입니다. 각 ㄱㅂㅁ은 몇 도입니까?

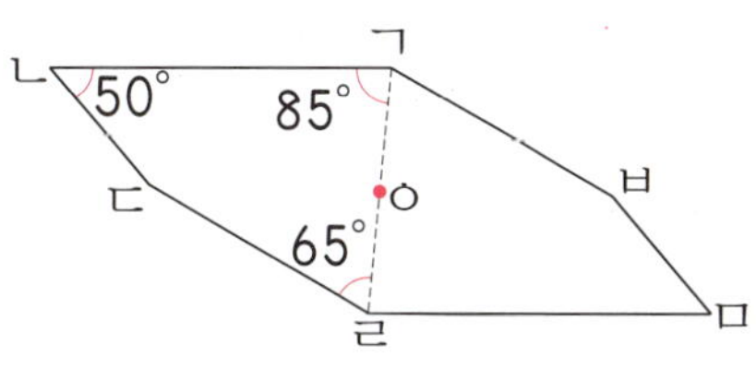

[답]

3 오른쪽은 점 ㅇ을 대칭의 중심으로 하는 점대칭도형입니다. 두 대각선의 길이의 합이 38cm일 때, 선분 ㄴㅇ은 몇 cm입니까?

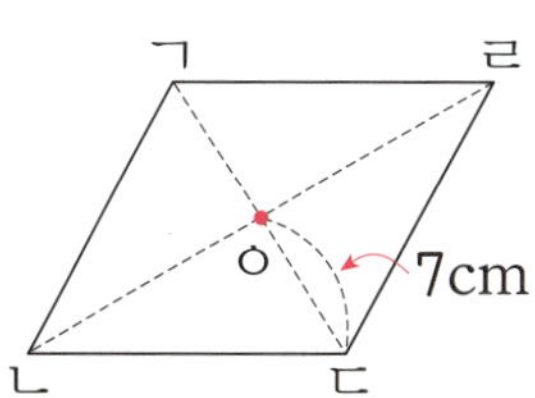

[답]

사고력 학습

4 오른쪽은 점 O을 대칭의 중심으로 하는 점대칭도형 입니다. 도형의 둘레는 몇 cm입니까?

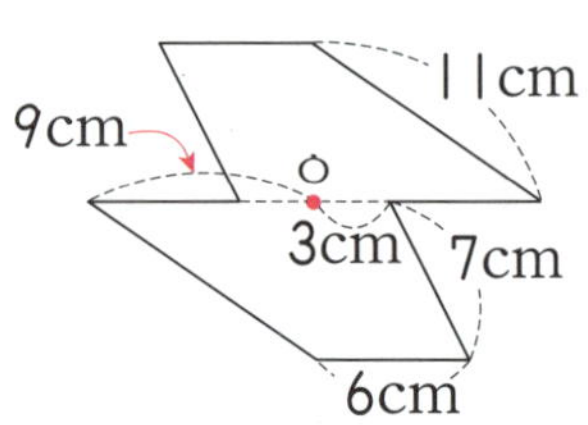

[답] ____________________

5 점 O을 대칭의 중심으로 하는 점대칭의 위치에 있는 도형을 완성하면 어떤 알파벳이 되는지 쓰시오.

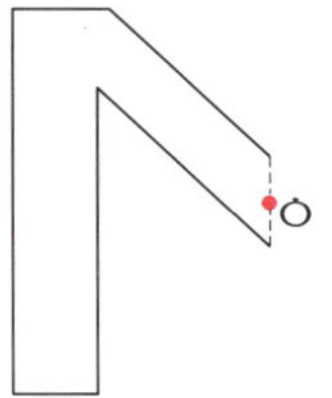

[답] ____________________

6 다음 그림에서 점 O을 대칭의 중심으로 하는 점대칭도형을 완성하였더니 둘 레가 56cm인 정다각형이 되었습니다. 완성된 정다각형의 한 변은 몇 cm입 니까?

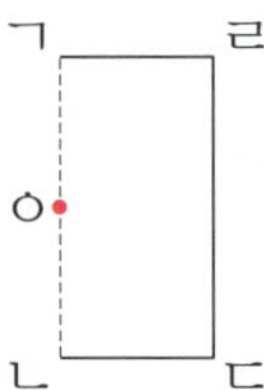

[답] ____________________

★ 이름 :
★ 날짜 :
★ 시간 :　　시　　분 ~ 　시　　분

확인

◆ 점대칭의 위치에 있는 도형 ◆

점 ㄱ을 중심으로 180° 돌렸을 때, 완전히 겹치는 두 도형은 점대칭의 위치에 있다고 하고, 두 도형을 점대칭의 위치에 있는 도형이라고 합니다. 이때 점 ㄱ을 대칭의 중심이라고 합니다.

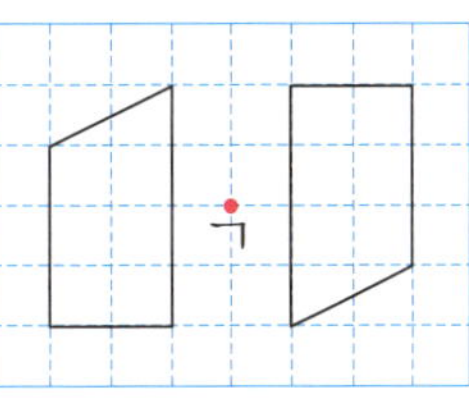

1 다음은 점대칭의 위치에 있는 도형입니다. 점 ㅇ을 무엇이라고 합니까?

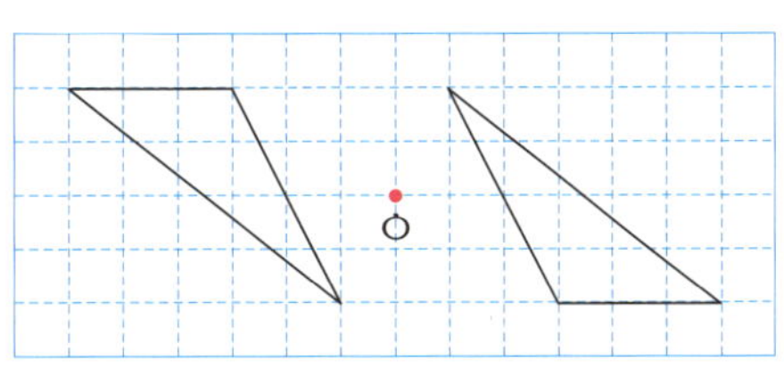

[답] ________________

2 점대칭의 위치에 있는 도형을 찾아 ○표 하시오.

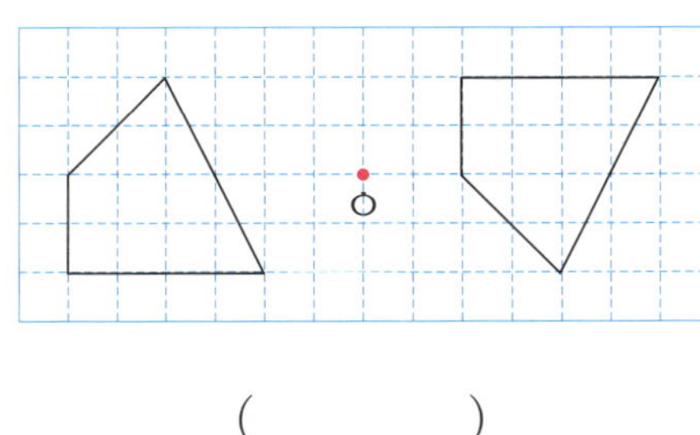

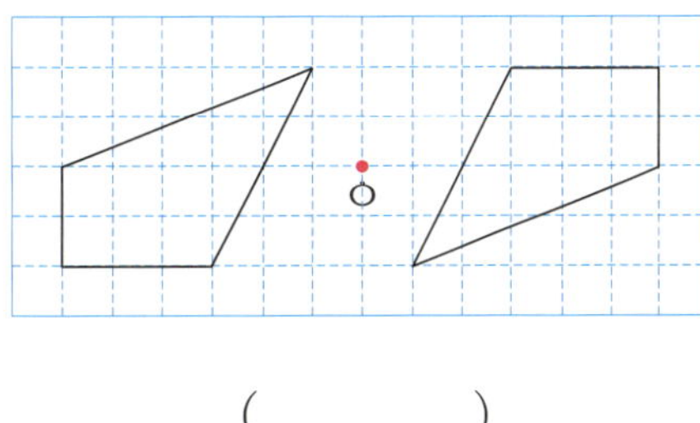

(　　　　)　　　　　　(　　　　)

3 두 도형은 점대칭의 위치에 있는 도형입니다. 대칭의 중심은 몇 개입니까?

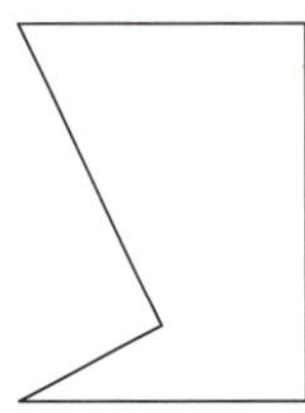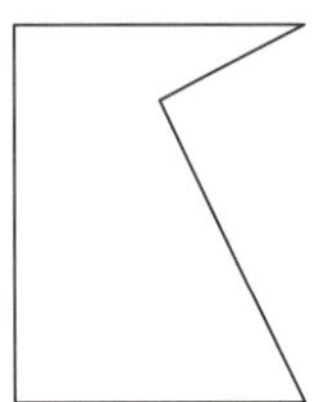

[답] ____________________

4 두 도형이 점대칭의 위치에 있는 도형이 되도록 대칭의 중심을 찾아보시오.

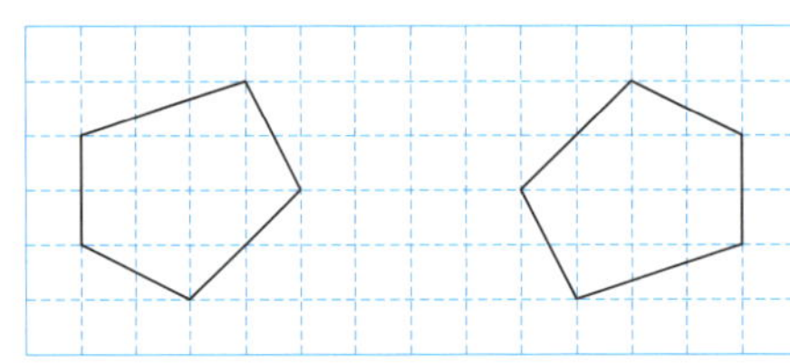

5 점대칭도형과 점대칭의 위치에 있는 도형을 비교하여 다른 점을 쓰시오.

____

____

◆ **점대칭의 위치에 있는 도형의 성질을 알고 그리기(1)** ◆

> • 점대칭의 위치에 있는 도형의 성질
> ① 대응변의 길이는 같습니다.
> ② 대응각의 크기는 같습니다.
> ③ 대응점을 이은 선분은 대칭의 중심에 의하여 길이가 같게 나누
> 어집니다.

1 오른쪽 도형은 점 ㅅ을 대칭의 중심으로 하는 점대칭의 위치에 있는 도형입니다. ☐ 안에 알맞게 써넣으시오.

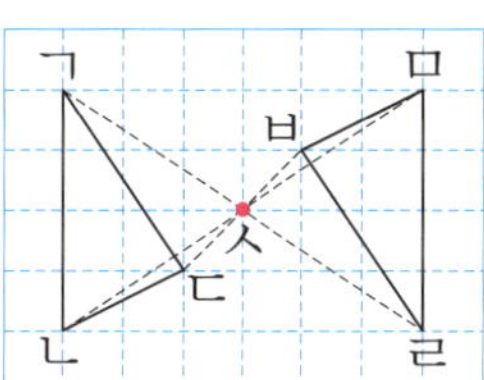

(1) 점 ㄱ의 대응점은 점 ☐ 입니다.

(2) 변 ㄱㄴ의 대응변은 변 ☐ 입니다.

(3) 각 ㄱㄴㄷ의 대응각은 각 ☐ 입니다.

2 오른쪽 도형은 점 ㅈ을 대칭의 중심으로 하는 점대칭의 위치에 있는 도형입니다. ☐ 안에 알맞게 써넣으시오.

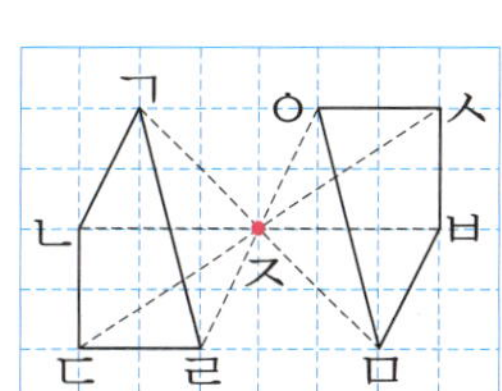

(1) 변 ㄴㄷ과 길이가 같은 변은 변 ☐ 입니다.

(2) 각 ㄱㄹㄷ과 크기가 같은 각은 각 ☐ 입니다.

(3) 선분 ㄴㅈ과 길이가 같은 선분은 선분 ☐ 입니다.

🐸 다음은 점 ㅇ을 대칭의 중심으로 하는 점대칭의 위치에 있는 도형입니다. ☐ 안에 알맞은 수를 써넣으시오. [3~4]

3

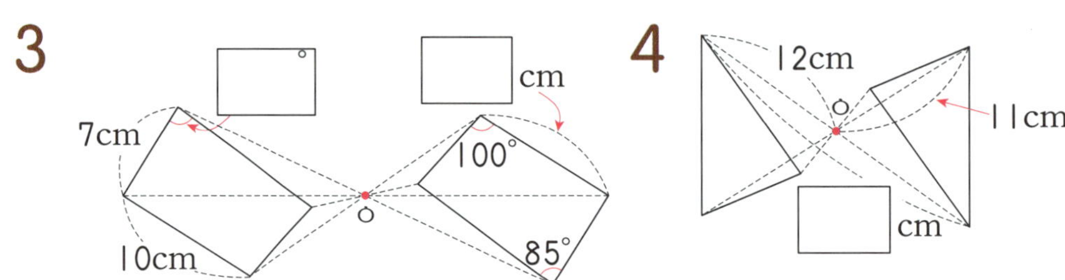

4

🐸 점대칭의 위치에 있는 도형을 그리려고 합니다. 각 점의 대응점을 찾아 표시하시오. [5~6]

5   **6**

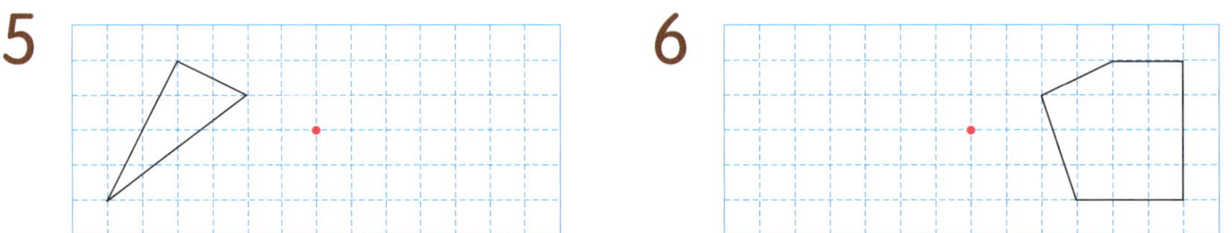

🐸 점대칭의 위치에 있는 도형을 그려 보시오. [7~8]

7   **8**

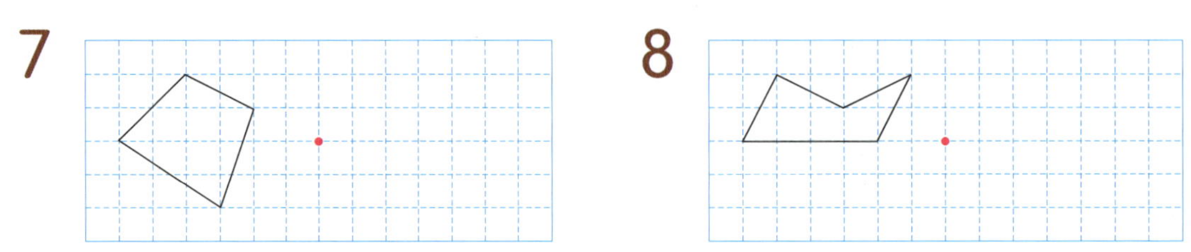

* 이름 :
* 날짜 :
* 시간 :　　시　분 ~ 　시　분

◆ **점대칭의 위치에 있는 도형의 성질을 알고 그리기(2)** ◆

1 다음은 점 ㅅ을 대칭의 중심으로 하는 점대칭의 위치에 있는 도형입니다. 삼각형 ㄱㄴㄷ의 둘레는 몇 cm입니까?

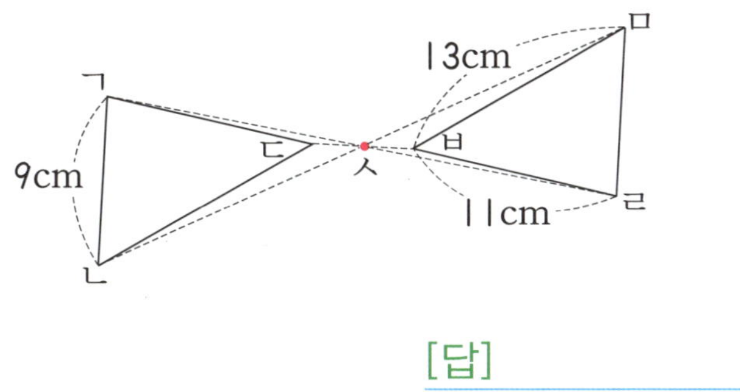

[답]

2 다음은 점 ㅅ을 대칭의 중심으로 하는 점대칭의 위치에 있는 도형입니다. 두 삼각형의 넓이의 합은 몇 cm²입니까?

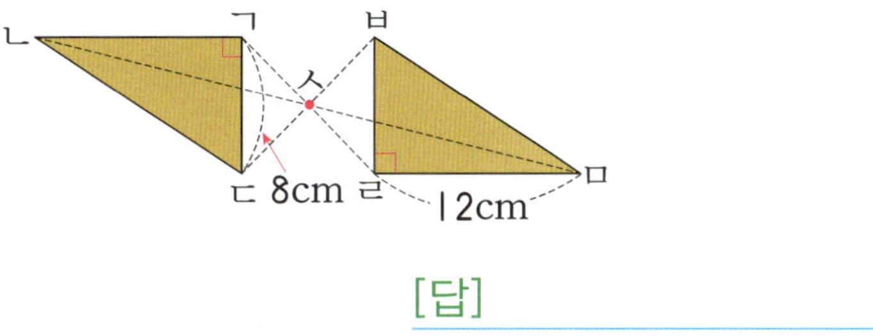

[답]

3 다음은 점 ㅈ을 대칭의 중심으로 하는 점대칭의 위치에 있는 도형입니다. 각 ㄱㄹㄷ은 몇 도입니까?

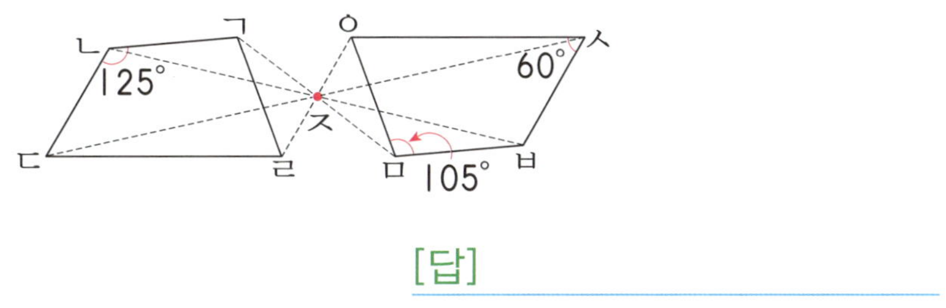

[답]

4 다음은 점 ㅅ을 대칭의 중심으로 하는 점대칭의 위치에 있는 도형입니다. 변 ㄴㄷ은 몇 cm입니까?

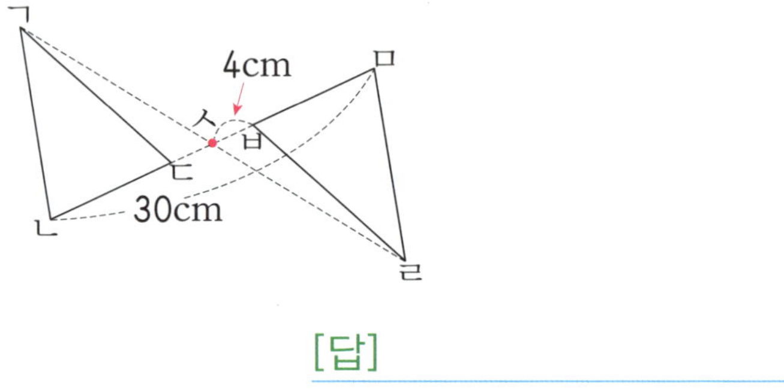

[답]

5 다음은 점 ㅋ을 대칭의 중심으로 하는 점대칭의 위치에 있는 도형입니다. 삼각형 ㅂㅊㅋ의 둘레는 몇 cm입니까?

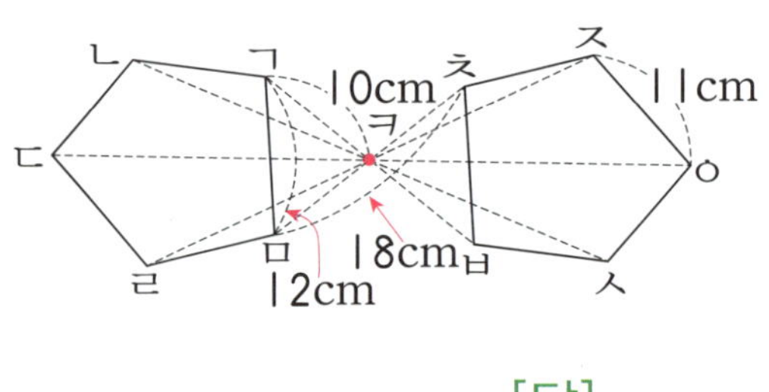

[답]

6 점대칭의 위치에 있는 도형을 그려 보시오.

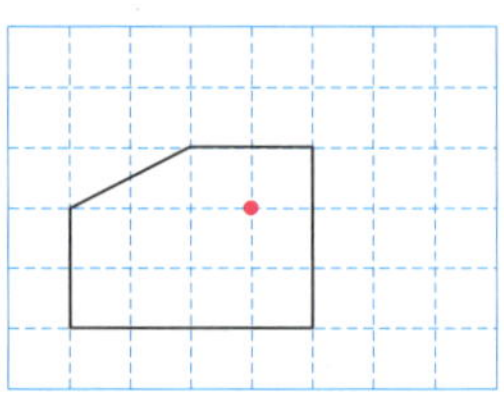

 ## 창의력 학습

선대칭의 위치에 있는 도형을 그려 본 후 다음 조각들로 도형의 모양을 맞추어 보시오.

희주는 어떤 물건을 잃어버렸습니다. 다음 알파벳 5개 중에서 ★, ♣, ♥에 알맞은 알파벳을 각각 찾아 희주가 잃어버린 물건이 무엇인지 쓰시오.

선대칭도형도 되고 점대칭도형도 되는 알파벳　A C H N R　➡　★

선대칭도형인 알파벳　A F G S Z　➡　♣

선대칭도형인 알파벳　Q J N P T　➡　♥

★　♣　♥　➡ ________________

경시대회 예상문제

1 대칭축이 적은 선대칭도형부터 차례로 기호를 쓰시오.

> ㉠ 정사각형   ㉡ 정오각형   ㉢ 정삼각형

[답]

2 오른쪽 모눈종이 한 칸은 $1cm^2$입니다. 선대칭도형이 되도록 완성하면 도형은 몇 cm^2입니까?

[답]

3 오른쪽 삼각형 ㄱㄴㄷ은 직선 ㅁㅂ을 대칭축으로 하는 선대칭도형입니다. 삼각형 ㄱㄴㄷ의 넓이가 $120cm^2$일 때, 선분 ㄴㄹ은 몇 cm입니까?

[답]

4 오른쪽 두 도형은 직선 ㅇㅈ을 대칭축으로 하는 선대칭의 위치에 있는 도형입니다. 삼각형 ㄹㅁㅂ의 둘레가 73cm일 때, 변 ㄱㄴ은 몇 cm입니까?

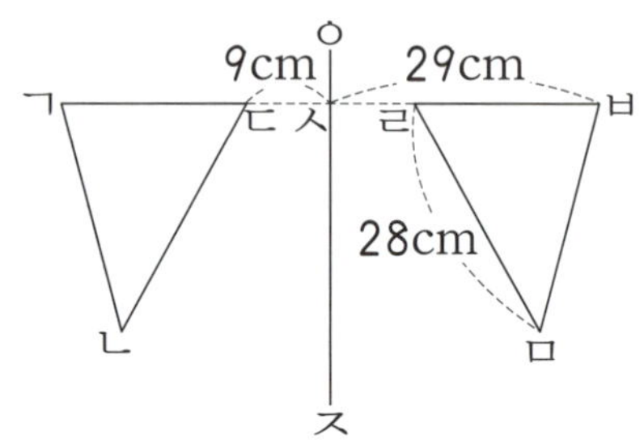

[답]

5 직선 ㄱㄴ을 대칭축으로 하는 선대칭의 위치에 있는 도형을 그렸을 때, 두 도형이 겹쳐진 부분은 몇 cm^2인지 구하는 풀이 과정을 쓰고 답을 구하시오.

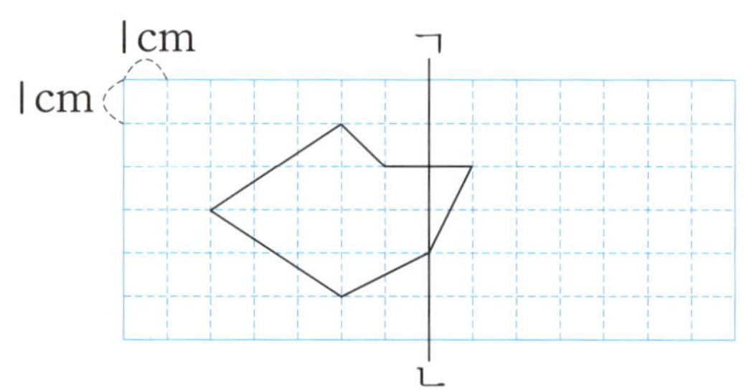

[답]

6 선대칭도형도 되고 점대칭도형도 되는 도형을 모두 찾아 쓰시오.

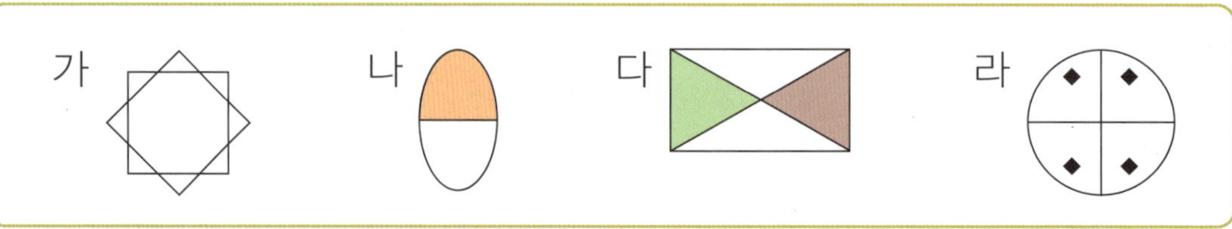

[답]

7 점 ㄱ을 대칭의 중심으로 하는 점대칭도형을 완성하고, 완성한 도형을 점 ㄴ을 대칭의 중심으로 하는 점대칭의 위치에 있는 도형을 그려 보시오.

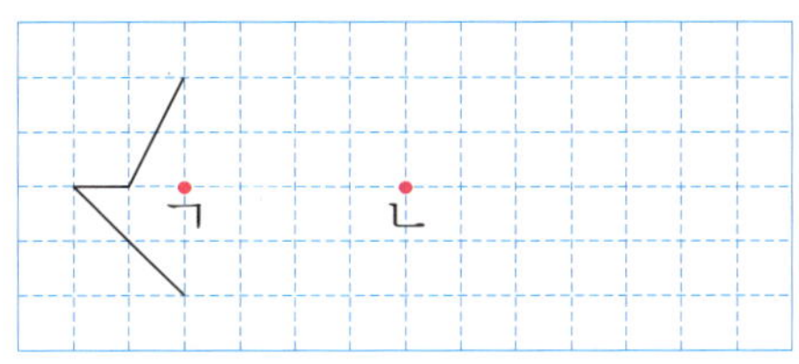

8 오른쪽 도형은 점 ㅇ을 대칭의 중심으로 하는 점대칭도형입니다. 선분 ㄱㄷ과 선분 ㄴㄹ의 길이의 합은 몇 cm입니까?

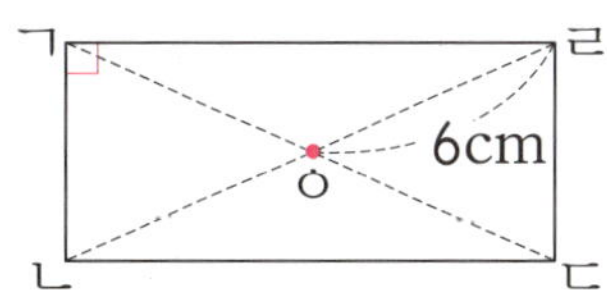

[답] ______________________

9 **9006**은 점대칭이 되는 수입니다. 다음 숫자를 여러 번 사용하여 **9006**과 같이 점대칭이 되는 네 자리 수를 만들려고 합니다. 만들 수 있는 수를 2개만 쓰시오.

0	1	3	4	8

[답] ______________________

10 오른쪽 도형은 점대칭도형입니다. 각 ㄷㄹㅁ은 몇 도입니까?

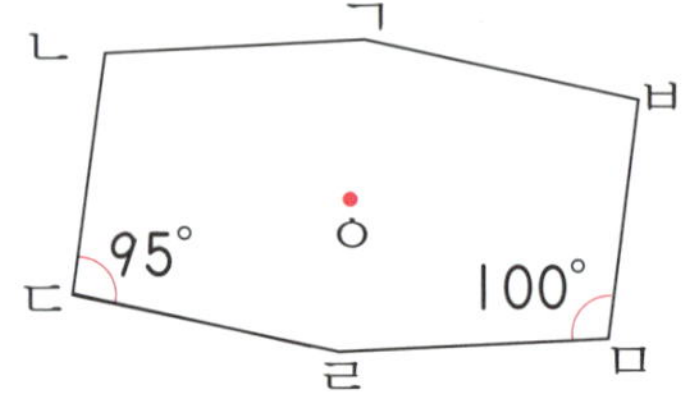

[답]

11 사다리꼴 ㄱㄴㄷㄹ과 사다리꼴 ㅁㅂㅅㅇ은 점 ㅅ을 중심으로 점대칭의 위치에 있는 도형이고 사각형 ㄱㄴㄷㅅ은 평행사변형입니다. 평행사변형 ㄱㄴㄷㅅ의 넓이가 210cm²일 때, 사다리꼴 ㄱㄴㄷㄹ의 넓이는 몇 cm²입니까?

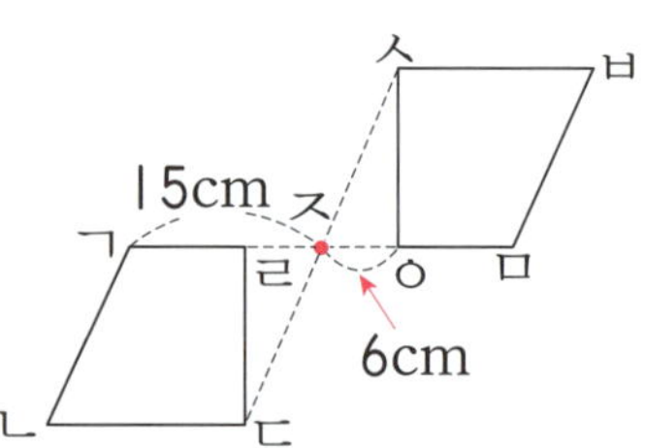

[답]

12 점대칭의 위치에 있는 도형을 그렸을 때, 두 도형에 둘러싸여 생기는 마름모의 넓이는 몇 cm²인지 구하는 풀이 과정을 쓰고 답을 구하시오.

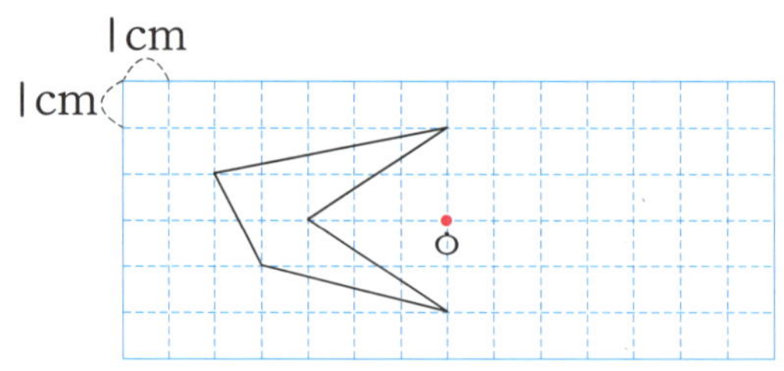

[답]

학습 관리표

학습 내용		이번 주는?
확인 학습	· 분수와 소수 · 분수의 나눗셈 · 도형의 대칭 · 창의력 학습 · 경시대회 예상문제 · 성취도 테스트	• 학습 방법 : ① 매일매일　② 가끔　③ 한꺼번에 　　　　하였습니다. • 학습 태도 : ① 스스로 잘　② 시켜서 억지로 　　　　하였습니다. • 학습 흥미 : ① 재미있게　② 싫증내며 　　　　하였습니다. • 교재 내용 : ① 적합하다고　② 어렵다고　③ 쉽다고 　　　　하였습니다.
지도 교사가 부모님께		**부모님이 지도 교사께**
평가		Ⓐ 아주 잘함　　Ⓑ 잘함　　Ⓒ 보통　　Ⓓ 부족함

원(교)　　　　　반　　이름　　　　　전화

기초부터 탄탄하게
G 기탄교육

www.gitan.co.kr / (02)586-1007(대)

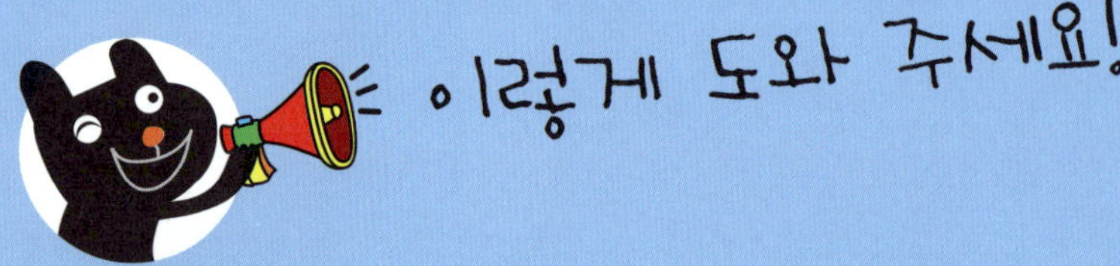

● 학습 목표
- 분수를 소수로 나타낼 수 있고, 소수를 분수로 나타낼 수 있습니다.
- 분수와 소수의 크기를 비교할 수 있습니다.
- 1÷(자연수), (자연수)÷(자연수)를 곱셈으로 나타낼 수 있습니다.
- (진분수)÷(자연수), (가분수)÷(자연수), (대분수)÷(자연수)의 계산 원리를 이해하고 계산할 수 있습니다.
- 분수와 자연수의 곱셈과 나눗셈의 혼합 계산 원리를 이해하고 계산할 수 있습니다.
- 선대칭도형, 선대칭의 위치에 있는 도형, 점대칭도형, 점대칭의 위치에 있는 도형의 성질을 알고 그릴 수 있습니다.

● 지도 내용
- (자연수)÷(자연수)를 분수로 나타내고, 분모가 10, 100, 1000인 분수를 이용하여 분수를 소수로 나타내게 합니다.
- 분모가 10, 100, 1000인 분수를 이용하여 소수를 분수로 나타내게 합니다.
- 분수를 소수로 나타내거나 소수를 분수로 나타내는 활동을 통하여 분수와 소수의 크기를 비교하게 합니다.
- 1÷(자연수), (자연수)÷(자연수)를 곱셈으로 나타내어 몫을 분수로 나타내게 합니다.
- (진분수)÷(자연수), (가분수)÷(자연수), (대분수)÷(자연수)를 곱셈으로 나타내는 방법을 알고 계산하게 합니다.
- 분수와 자연수의 곱셈과 나눗셈의 혼합 계산 원리를 이해하고 계산하게 합니다.
- 선대칭도형, 선대칭의 위치에 있는 도형에서 대응점을 이은 선분은 대칭축과 수직으로 만나고, 각각의 대응점에서 대칭축까지의 거리가 같은 것을 알게 하고 그려 보게 합니다.
- 점대칭도형, 점대칭의 위치에 있는 도형에서 각각의 대응점에서 대칭의 중심까지의 거리가 같은 것을 알게 하고 그려 보게 합니다.

● 지도 요점
앞에서 학습한 분수와 소수, 분수의 나눗셈, 도형의 대칭을 확인 학습하는 주입니다. 여러 유형의 문제를 접해 보게 함으로써 아이가 학습한 지식을 잘 응용할 수 있도록 지도해 주십시오. 그리고 성취도 테스트를 이용해서 주어진 시간 내에 주어진 문제를 푸는 연습을 하도록 지도해 주십시오.

◆ 분수와 소수 ◆

1 분수와 소수가 서로 같은 것끼리 선으로 이으시오.

(1)   2.09   •

(2) $\dfrac{107}{1000}$ •

•㉠   0.107

•㉡ $\dfrac{29}{100}$

•㉢   1.07

•㉣ $2\dfrac{9}{100}$

2 재범이는 주스를 $\dfrac{23}{100}$ L 마셨습니다. 재범이가 마신 주스의 양을 소수로 나타내시오.

[답]

3 0.1이 2개, 0.01이 19개, 0.001이 53개인 수를 분수로 나타내시오.

[답]

4 분수와 소수를 규칙에 따라 늘어놓았습니다. 빈 곳에 알맞은 수를 써넣으시오.

$$6.95 — 6\frac{88}{100} — 6.81 — 6\frac{74}{100} — \boxed{}$$

5 $\frac{3}{4}$과 크기가 같은 수를 모두 찾아 기호를 쓰시오.

| ㉠ 0.75 | ㉡ $\frac{45}{100}$ | ㉢ 0.45 | ㉣ $\frac{75}{100}$ |

[답]

6 분수를 소수로 나타내었을 때, 나누어떨어지지 않아 간단한 소수로 나타낼 수 없는 것을 찾아 기호를 쓰시오.

| ㉠ $1\frac{3}{8}$ | ㉡ $\frac{6}{25}$ | ㉢ $\frac{43}{75}$ | ㉣ $3\frac{17}{500}$ |

[답]

확인 학습

7 분수를 분모가 100인 분수로 고칠 수 없는 것을 찾아 기호를 쓰시오.

$$\bigcirc\ 2\frac{1}{4} \qquad \bigcirc\ \frac{11}{15} \qquad \bigcirc\ 3\frac{17}{20} \qquad \bigcirc\ \frac{41}{50}$$

[답]

8 분수를 소수로 바르게 나타낸 것을 찾아 기호를 쓰시오.

$$\bigcirc\ \frac{4}{5}=0.4 \qquad\qquad \bigcirc\ 2\frac{5}{8}=2.265$$

$$\bigcirc\ \frac{12}{25}=0.48 \qquad\qquad \bigcirc\ 5\frac{101}{250}=5.044$$

[답]

9 □ 안에 알맞은 소수를 써넣으시오.

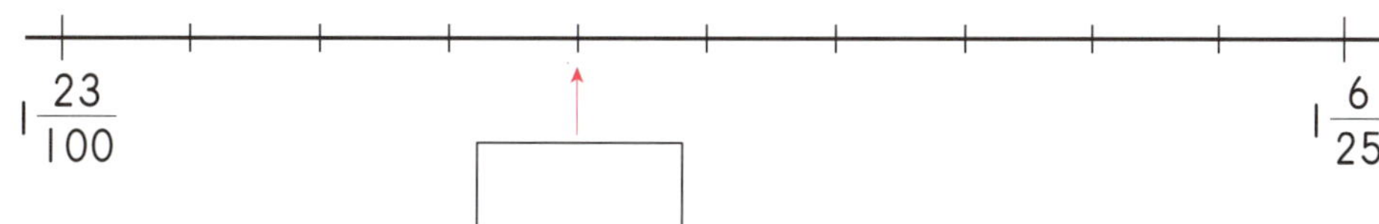

10 $\frac{1}{5}$ 이 3, $\frac{1}{20}$ 이 3인 수를 소수로 나타내시오.

[답]

11 다음 3장의 숫자 카드를 한 번씩 사용하여 만들 수 있는 가장 큰 대분수를 소수로 나타내시오.

[답]

12 학교에서 병원까지의 거리는 몇 km인지 소수로 나타내시오.

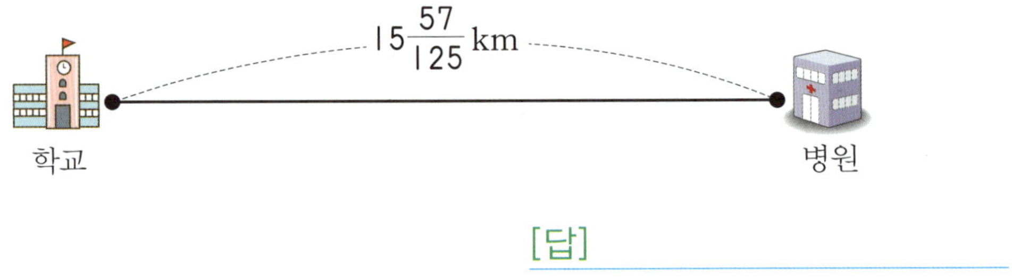

[답]

13 찰흙이 2kg 있습니다. 그중 $\dfrac{37}{50}$ kg을 사용하였습니다. 사용하고 남은 찰흙은 몇 kg인지 소수로 나타내시오.

[답]

14 2.75를 분수로 나타낼 때, 분모가 될 수 없는 수를 찾아 기호를 쓰시오.

㉠ 100	㉡ 50	㉢ 20	㉣ 4

[답]

확인 학습

15 0.408을 기약분수로 나타내었을 때, 분자를 구하시오.

[답]

16 소수를 기약분수로 나타낼 때, 분모가 큰 것부터 차례로 기호를 쓰시오.

> ㉠ 1.4　　　㉡ 2.25　　　㉢ 0.78　　　㉣ 0.842

[답]

17 0.633과 0.637 사이에 있는 분수 중에서 분모가 1000인 분수를 모두 쓰시오.

[답]

18 분모와 분자의 합이 32인 어떤 분수를 소수로 나타내면 0.6입니다. 이 분수를 구하시오.

[답]

19 숫자 카드 4장을 모두 한 번씩만 사용하여 소수 두 자리 수를 만들려고 합니다. 만들 수 있는 가장 작은 소수 두 자리 수를 기약분수로 나타내시오.

[답]

20 수박 한 통이 **4.8kg**입니다. 수박 한 통의 무게를 기약분수로 나타내시오.

[답]

21 주스 3L를 사서 어제는 주스 전체의 $\frac{1}{3}$을 마시고 오늘은 0.52L를 마셨습니다. 남은 주스는 몇 L인지 기약분수로 나타내시오.

[답]

확인 학습

22 두 수의 크기를 비교하여 더 큰 수를 위쪽의 ☐ 안에 써넣으시오.

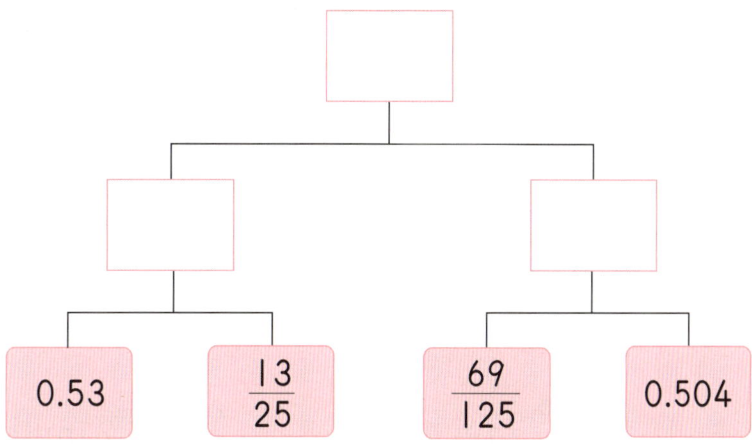

23 0.85보다 크고 $\dfrac{22}{25}$ 보다 작은 소수 두 자리 수를 모두 쓰시오.

[답]

24 큰 수부터 차례로 기호를 쓰시오.

㉠ $7\dfrac{1}{5}$　　㉡ 7.05　　㉢ $7\dfrac{1}{8}$　　㉣ 7.53

[답]

25 0에서 9까지의 숫자 중에서 □ 안에 들어갈 수 있는 숫자를 모두 구하시오.

$$9\frac{3}{4} < 9.\square 4$$

[답]

26 빨간색 테이프는 $4\frac{9}{25}$m이고, 파란색 테이프는 4.27m입니다. 더 긴 것은 무슨 색 테이프입니까?

[답]

27 우체국에서 빵집까지는 $16\frac{7}{8}$km, 우체국에서 은행까지는 16.091km입니다. 우체국에서 더 가까운 곳은 어디입니까?

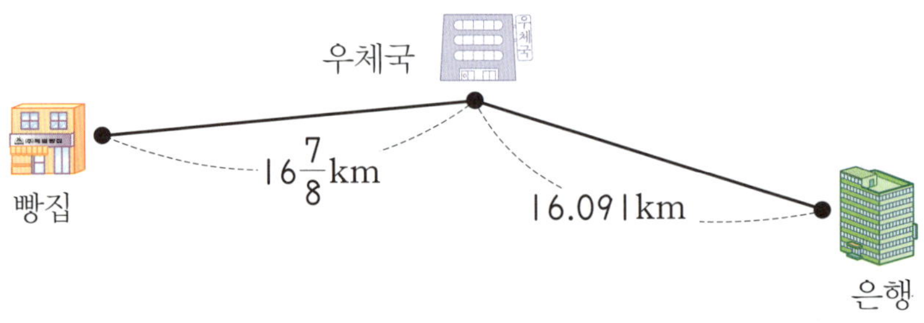

[답]

확인 학습

◆ 분수의 나눗셈 ◆

1 나눗셈의 몫의 크기를 비교하여 ○ 안에 >, =, <를 알맞게 써넣으시오.

$$1 \div 7 \quad \bigcirc \quad 1 \div 5$$

2 나눗셈의 몫이 작은 것부터 차례로 기호를 쓰시오.

> ㉠ $1 \div 15$　　　㉡ $1 \div 4$
> ㉢ $1 \div 6$　　　㉣ $1 \div 19$

[답]

3 빈칸에 알맞은 수를 써넣으시오.

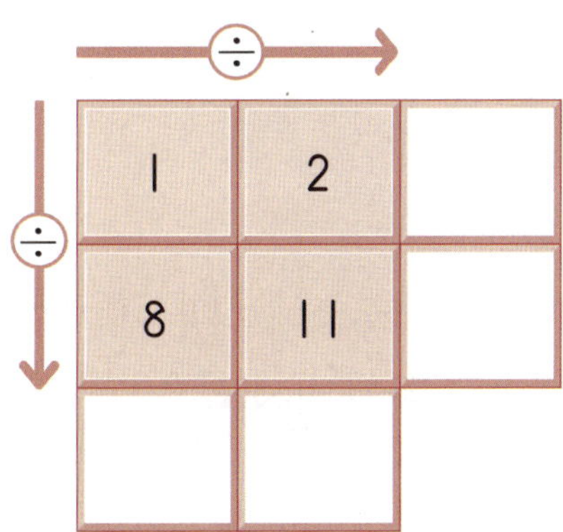

확인 학습

4 ㉠+㉡을 구하시오.

> ㉠ $7 \div 15$ ㉡ $13 \div 25$

[답]

5 나눗셈의 몫을 잘못 나타낸 것을 찾아 기호를 쓰시오.

> ㉠ $3 \div 8 = \dfrac{3}{8}$ ㉡ $1 \div 9 = \dfrac{1}{9}$
>
> ㉢ $1 \div 14 = \dfrac{1}{14}$ ㉣ $6 \div 23 = \dfrac{23}{6}$

[답]

6 7m의 색 테이프를 12명이 똑같이 나누어 가지려고 합니다. 한 사람이 몇 m 씩 가질 수 있는지 분수로 나타내시오.

[식]   [답]

확인 학습

7 □ 안에 알맞은 수를 써넣으시오.

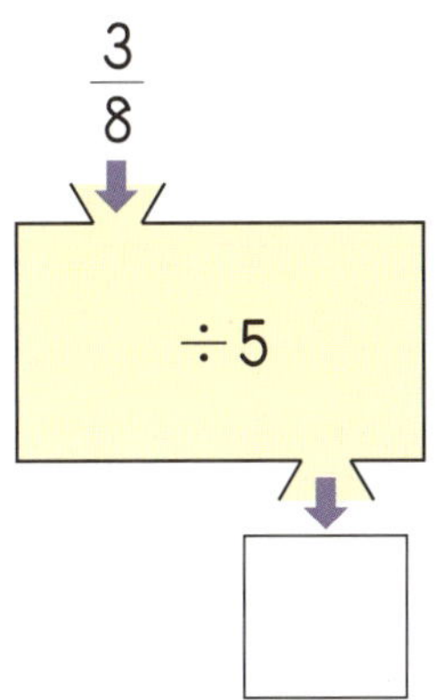

8 나눗셈의 몫의 크기를 비교하여 ○ 안에 >, =, <를 알맞게 써넣으시오.

$$\frac{5}{9} \div 15 \quad \bigcirc \quad \frac{7}{15} \div 14$$

9 계산을 바르게 한 것을 찾아 기호를 쓰시오.

$$\text{㉠} \quad \frac{3}{4} \div 2 = \frac{3 \times 2}{4} = \frac{6}{4} = 1\frac{2}{4} = 1\frac{1}{2}$$

$$\text{㉡} \quad \frac{3}{25} \div 5 = \frac{3 \times \overset{1}{\cancel{5}}}{\underset{5}{\cancel{25}}} = \frac{3}{5}$$

$$\text{㉢} \quad \frac{16}{27} \div 12 = \frac{\overset{4}{\cancel{16}}}{27 \times \underset{3}{\cancel{12}}} = \frac{4}{81}$$

[답] ____________________

10 나눗셈의 몫이 가장 큰 것을 찾아 기호를 쓰시오.

$$\text{㉠ } \frac{5}{6} \div 8 \qquad \text{㉡ } \frac{4}{9} \div 12 \qquad \text{㉢ } \frac{3}{22} \div 9$$

[답]

11 주스 $\frac{14}{17}$L를 2명이 똑같이 나누어 마시려고 합니다. 한 사람이 마실 수 있는 주스는 몇 L입니까?

[식]   [답]

12 □ 안에 알맞은 수를 써넣으시오.

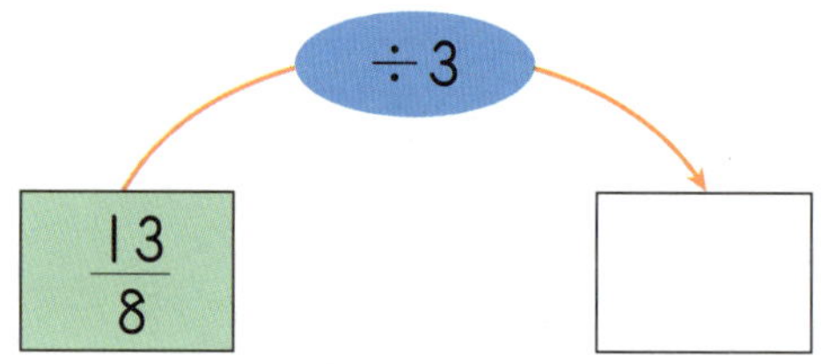

13 어떤 수에 4를 곱하였더니 $\frac{24}{7}$가 되었습니다. 어떤 수는 얼마입니까?

[답]

확인 학습

14 몫이 1보다 작은 것을 찾아 기호를 쓰시오.

$$\bigcirc\ \frac{16}{3} \div 2 \qquad \bigcirc\ \frac{9}{5} \div 3$$

$$\bigcirc\ \frac{48}{11} \div 4 \qquad \bigcirc\ \frac{37}{6} \div 5$$

[답]

15 넓이가 $\dfrac{92}{15}$ cm², 밑변이 6cm인 평행사변형이 있습니다. 이 평행사변형의 높이는 몇 cm입니까?

[답]

16 빈 곳에 알맞은 수를 써넣으시오.

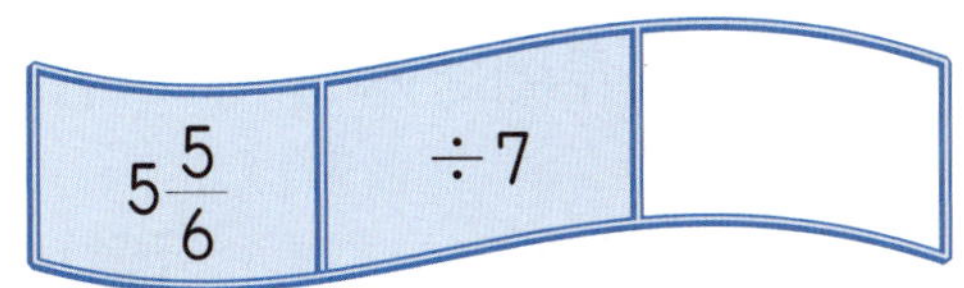

17 나눗셈의 몫이 큰 것부터 차례로 ○ 안에 번호를 쓰시오.

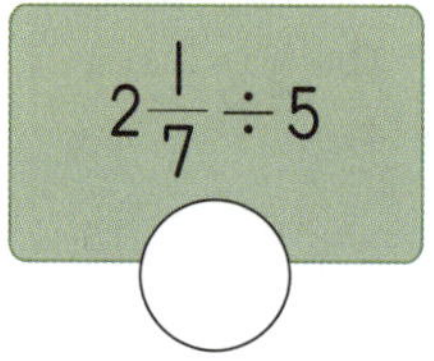

$$2\frac{1}{7} \div 5$$

○

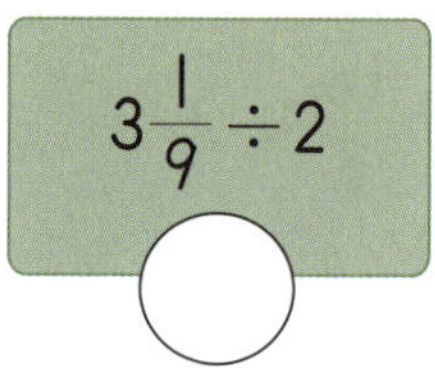

$$3\frac{1}{9} \div 2$$

○

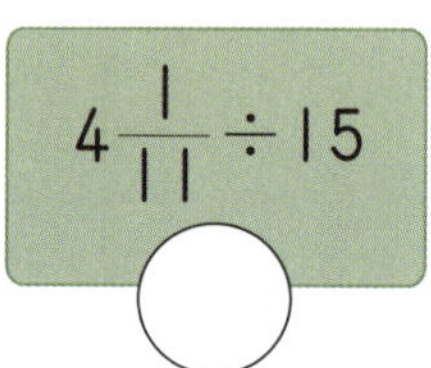

$$4\frac{1}{11} \div 15$$

○

18 □ 안에 알맞은 수를 구하시오.

$$12 \times \square = 3\frac{15}{23}$$

[답] ______________________

19 해준이는 매일 같은 시간 동안 운동을 합니다. 일주일 동안 운동을 한 시간이 $7\frac{7}{15}$ 시간일 때, 해준이가 하루에 운동을 한 시간은 몇 시간입니까?

[식] ____________________   [답] ____________________

 확인 학습

20 계산 결과가 더 큰 것의 기호를 쓰시오.

$$\text{㉠ } \frac{8}{15} \div 2 \times 6 \qquad \text{㉡ } 2\frac{1}{12} \times 4 \div 20$$

[답]

21 ㉠+㉡을 구하시오.

$$\text{㉠ } 3\frac{5}{9} \div 8 \times 5 \qquad \text{㉡ } 2\frac{11}{12} \div 7 \div 3$$

[답]

22 계산 결과가 다른 하나를 찾아 기호를 쓰시오.

$$\text{㉠ } \frac{27}{5} \div 3 \div 2 \qquad \text{㉡ } \frac{13}{20} \times 10 \div 5 \qquad \text{㉢ } 1\frac{1}{8} \div 5 \times 4$$

[답]

23 삼각형의 넓이는 몇 cm²입니까?

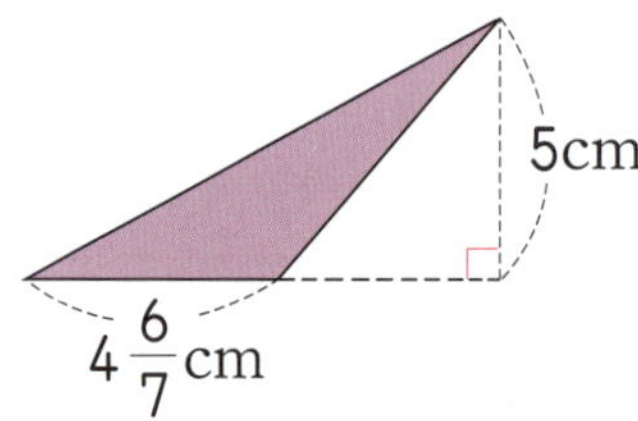

[식]　　　　　　　　　　　　　　　[답]

24 정육각형의 넓이가 $10\frac{4}{5}$ cm²일 때, 색칠한 부분의 넓이는 몇 cm²입니까?

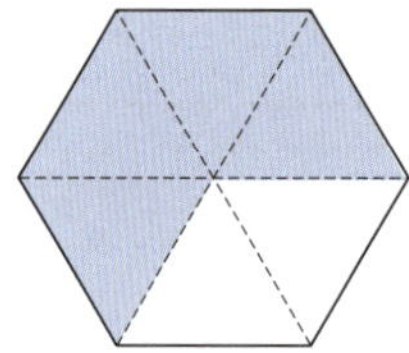

[식]　　　　　　　　　　　　　　　[답]

25 길이가 $\frac{8}{9}$ m인 철사를 4등분한 후 그중 한 개를 모두 사용하여 정사각형을 만들었습니다. 정사각형의 한 변은 몇 m입니까?

[식]　　　　　　　　　　　　　　　[답]

확인 학습

✿ 이름 :

✿ 날짜 :

✿ 시간 :　　시　　분 ~　　시　　분

확인

◆ **도형의 대칭** ◆

1 오른쪽 선대칭도형의 대칭축은 모두 몇 개입니까?

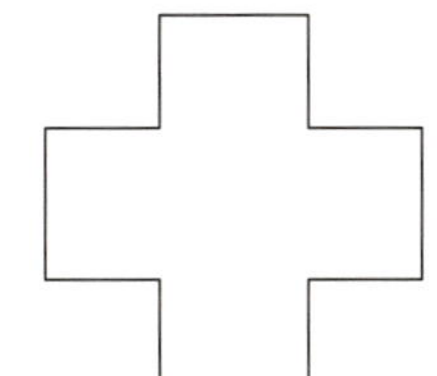

[답]

2 대칭축이 가장 많은 선대칭도형을 찾아 쓰시오.

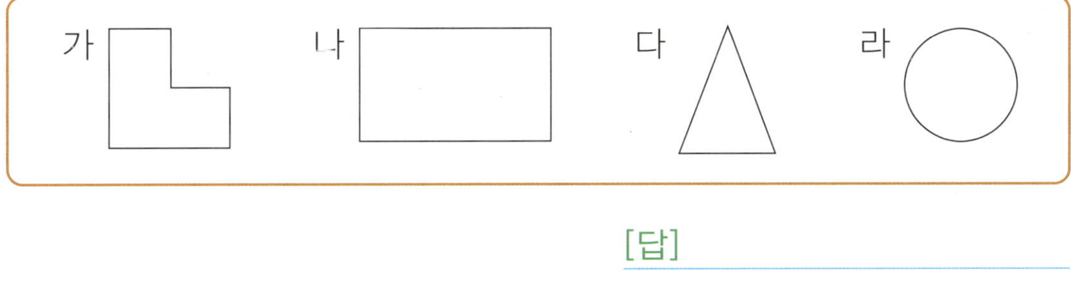

[답]

3 오른쪽은 직선 ㄱㄴ을 대칭축으로 하는 선대칭
도형입니다. 도형의 둘레는 몇 cm입니까?

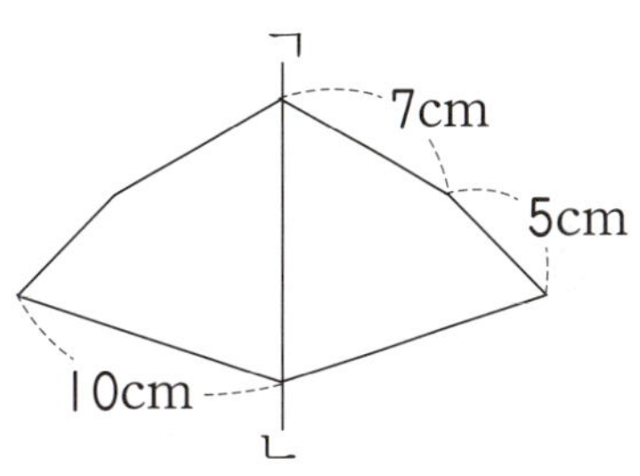

[답]

확인 학습

4 다음은 직선 ㅁㅂ을 대칭축으로 하는 선대칭도형입니다. 각 ㄷㄱㄹ은 몇 도 입니까?

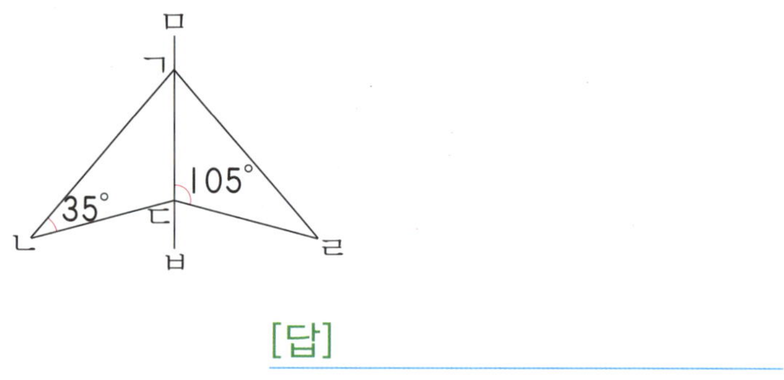

[답]

5 다음은 직선 ㅈㅊ을 대칭축으로 하는 선대칭도형입니다. 대칭축과 수직으로 만나는 모든 선분의 길이의 합은 몇 cm입니까?

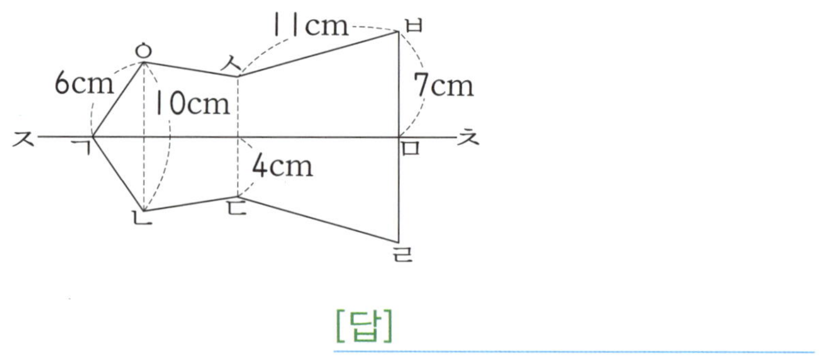

[답]

6 대칭축에 대하여 선대칭이 되도록 그려서 글자를 완성하시오.

7 직선 ㄱㄴ을 대칭축으로 하는 선대칭도형을 완성했을 때, 완성한 도형의 넓이는 몇 cm²입니까?

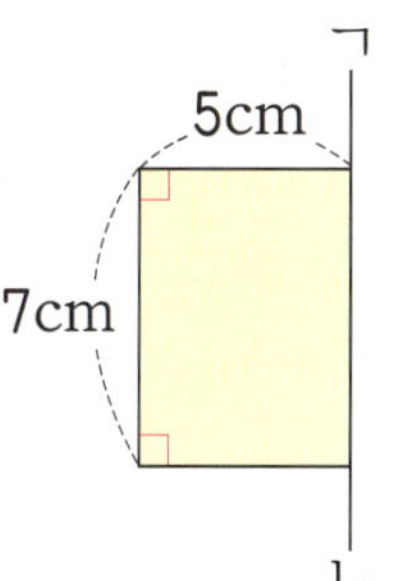

[답] ______________________

8 보기 의 도형과 선대칭의 위치에 있지 않은 도형을 찾아 쓰시오.

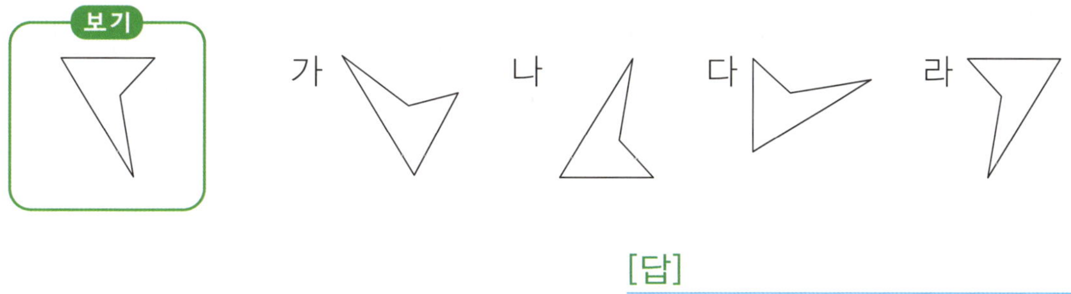

[답] ______________________

9 다음은 직선 ㅈㅊ을 대칭축으로 하는 선대칭의 위치에 있는 도형입니다. 사각형 ㄱㄴㄷㄹ의 둘레가 73cm일 때, 변 ㄱㄹ은 몇 cm입니까?

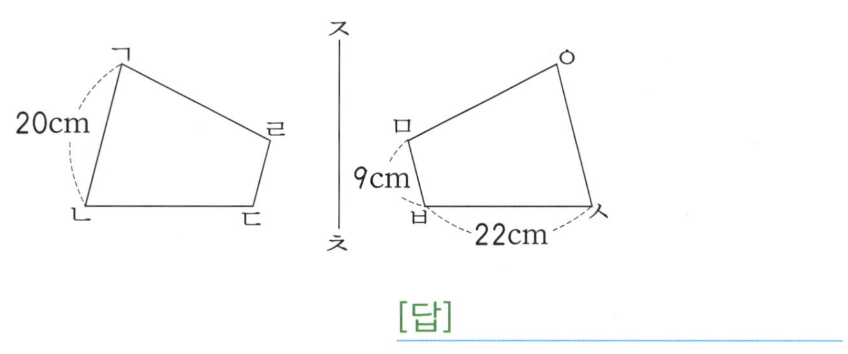

[답] ______________________

10 다음은 직선 ㅅㅇ을 대칭축으로 하는 선대칭의 위치에 있는 도형입니다. 각
ㄹㅁㅂ과 각 ㅂㄹㅁ의 합은 몇 도입니까?

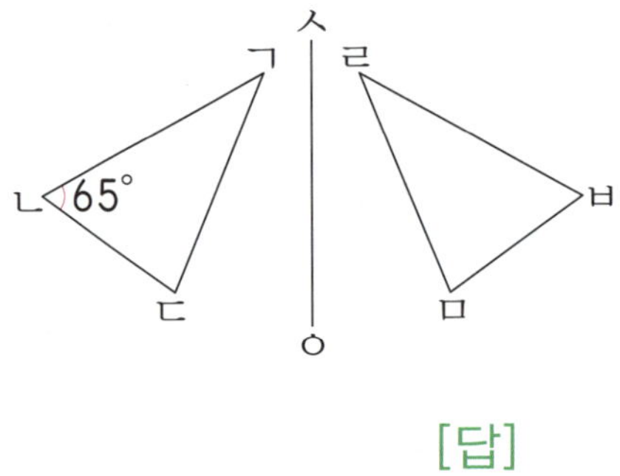

[답] ___________________

11 두 삼각형은 직선 ㅅㅇ을 대칭축으로 하는 선대칭의 위치에 있는 도형입니
다. 삼각형 ㄱㄴㄷ의 넓이는 몇 cm^2입니까?

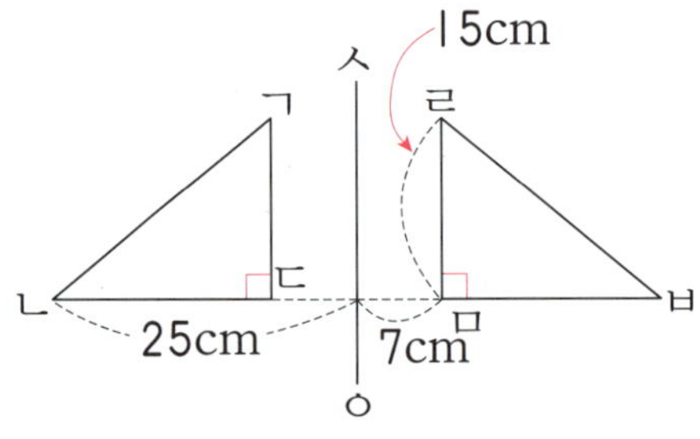

[답] ___________________

12 선대칭의 위치에 있는 도형을 그려 보시오.

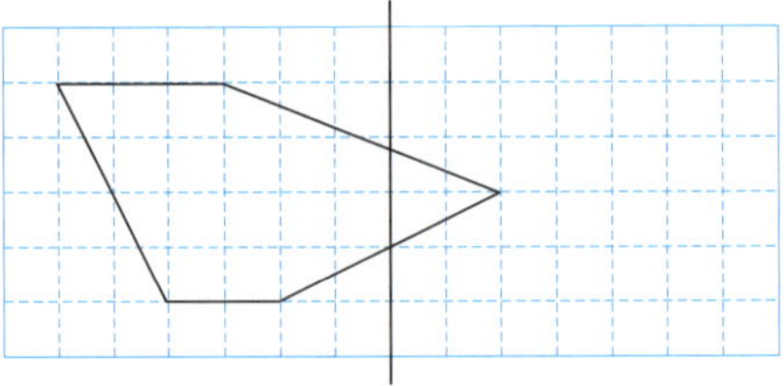

13 직선 ㄱㄴ을 대칭축으로 하여 선대칭의 위치에 있는 도형을 그리면 어떤 수
가 됩니까?

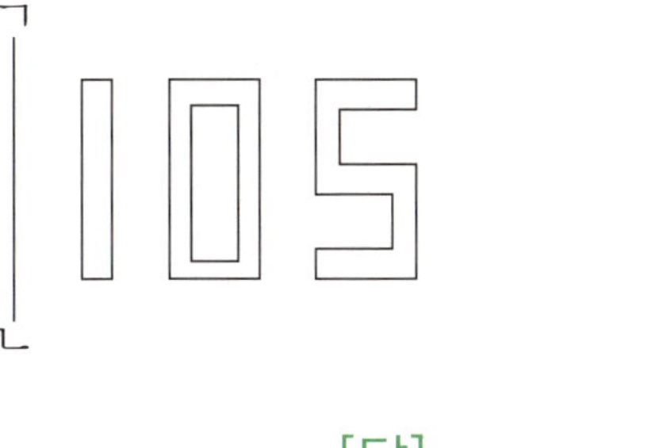

[답] ____________________

14 다음에서 점대칭도형에 ○표 하고, 대칭의 중심을 찾아 표시하시오.

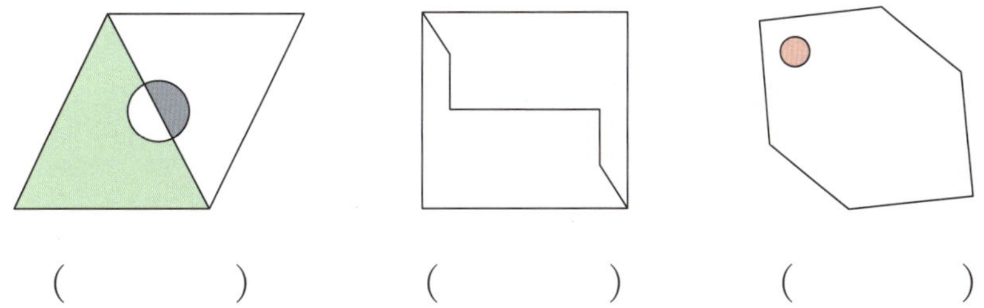

(   )   (   )   (   )

15 점대칭도형인 알파벳은 모두 몇 개입니까?

B H L S U Z

[답] ____________________

16 다음은 점 ㅇ을 대칭의 중심으로 하는 점대칭도형입니다. 도형의 둘레는 몇 cm입니까?

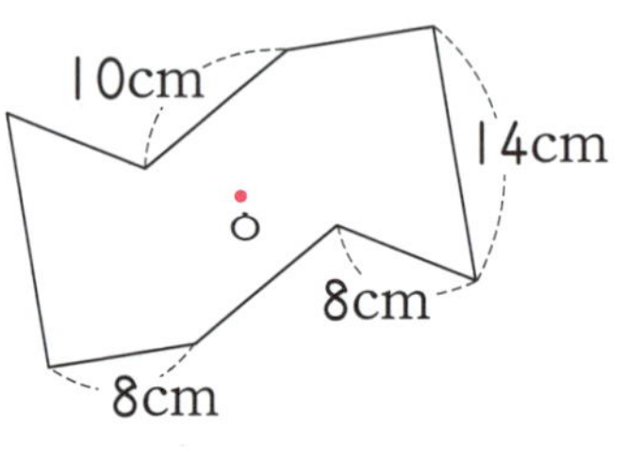

[답]

17 다음은 점 ㅇ을 대칭의 중심으로 하는 점대칭도형입니다. 각 ㄱㄹㄷ은 몇 도 입니까?

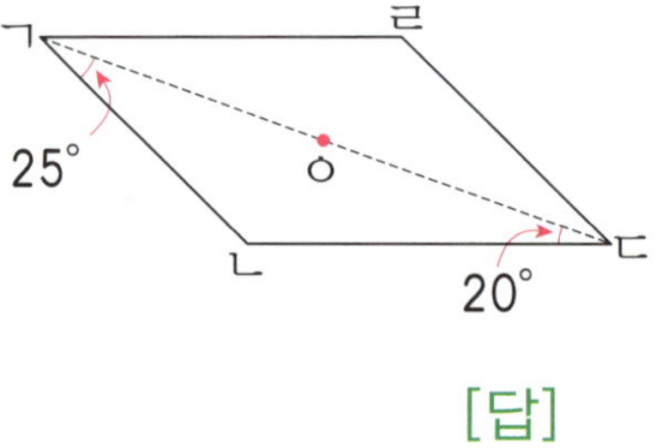

[답]

18 점 ㅇ을 대칭의 중심으로 하는 점대칭의 위치에 있는 도형을 완성하면 어떤 알파벳이 되는지 쓰시오.

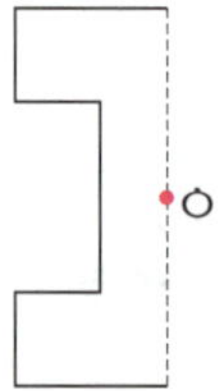

[답]

19 다음 그림에서 점 ㅂ을 대칭의 중심으로 하는 점대칭도형을 완성하였더니 둘레가 48cm인 정다각형이 되었습니다. 선분 ㄴㄷ은 몇 cm입니까?

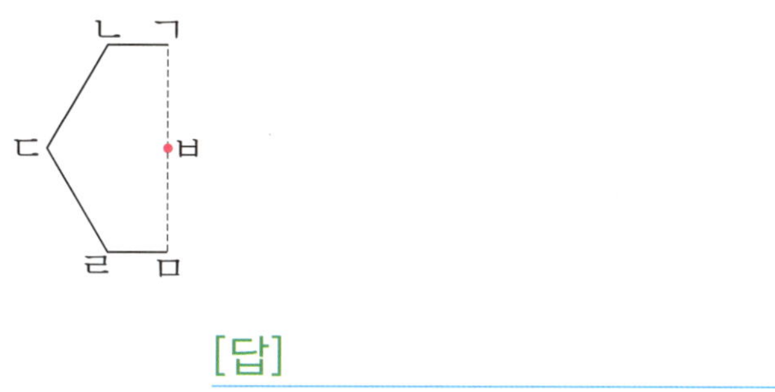

[답]

20 점대칭의 위치에 있는 두 수를 찾아 쓰시오.

23	19	58	32	61

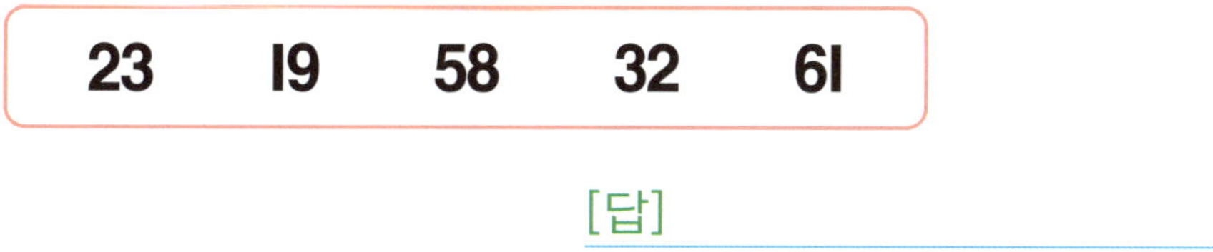

[답]

21 다음은 점 ㅈ을 대칭의 중심으로 하는 점대칭의 위치에 있는 도형입니다. 사각형 ㄱㄴㄷㄹ의 넓이가 35cm^{2}일 때 변 ㄴㄷ은 몇 cm입니까?

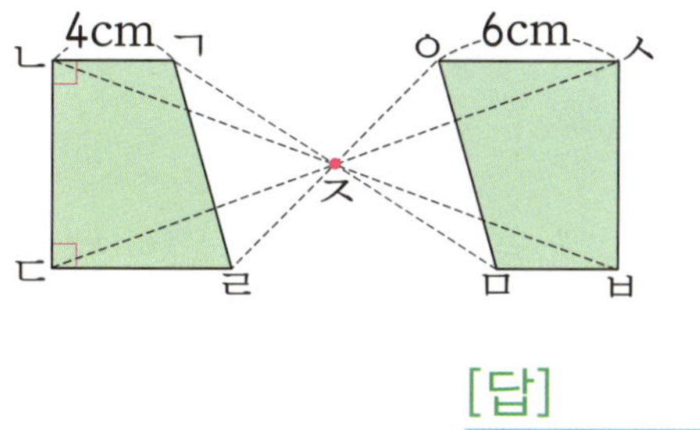

[답]

22 다음은 점 ㅅ을 대칭의 중심으로 하는 점대칭의 위치에 있는 도형입니다. 각 ㄱㄴㄷ은 몇 도입니까?

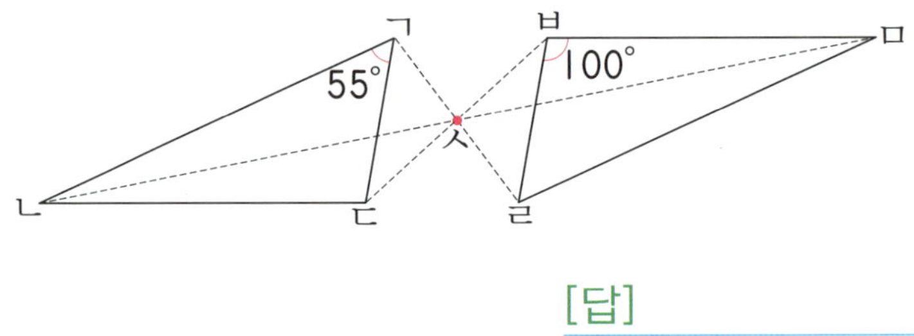

[답]

23 다음은 점 ㅈ을 대칭의 중심으로 하는 점대칭의 위치에 있는 도형입니다. 삼각형 ㄱㄹㅈ의 둘레는 몇 cm입니까?

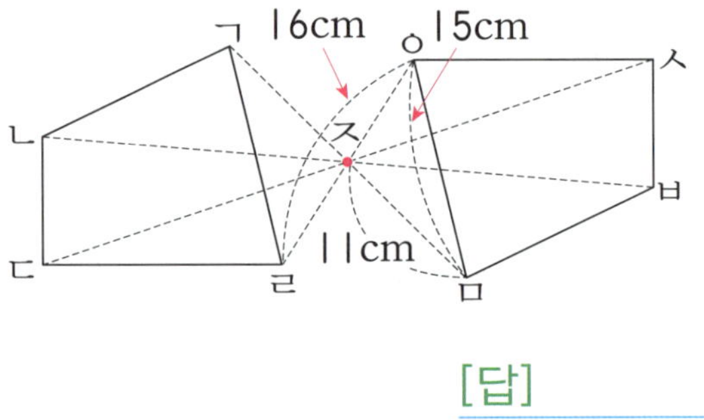

[답]

24 점대칭의 위치에 있는 도형을 그려 보시오.

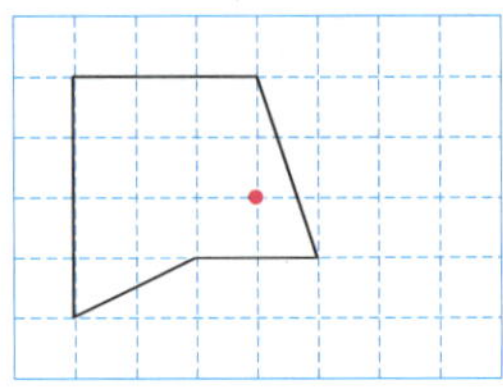

✿ 이름 :

✿ 날짜 :

✿ 시간 :　　시　　분 ~ 　　시　　분

확인

🌐 창의력 학습

각 분수를 사다리를 타고 내려가서 만나는 수로 나누어 빈 곳에 몫을 써넣으시오.

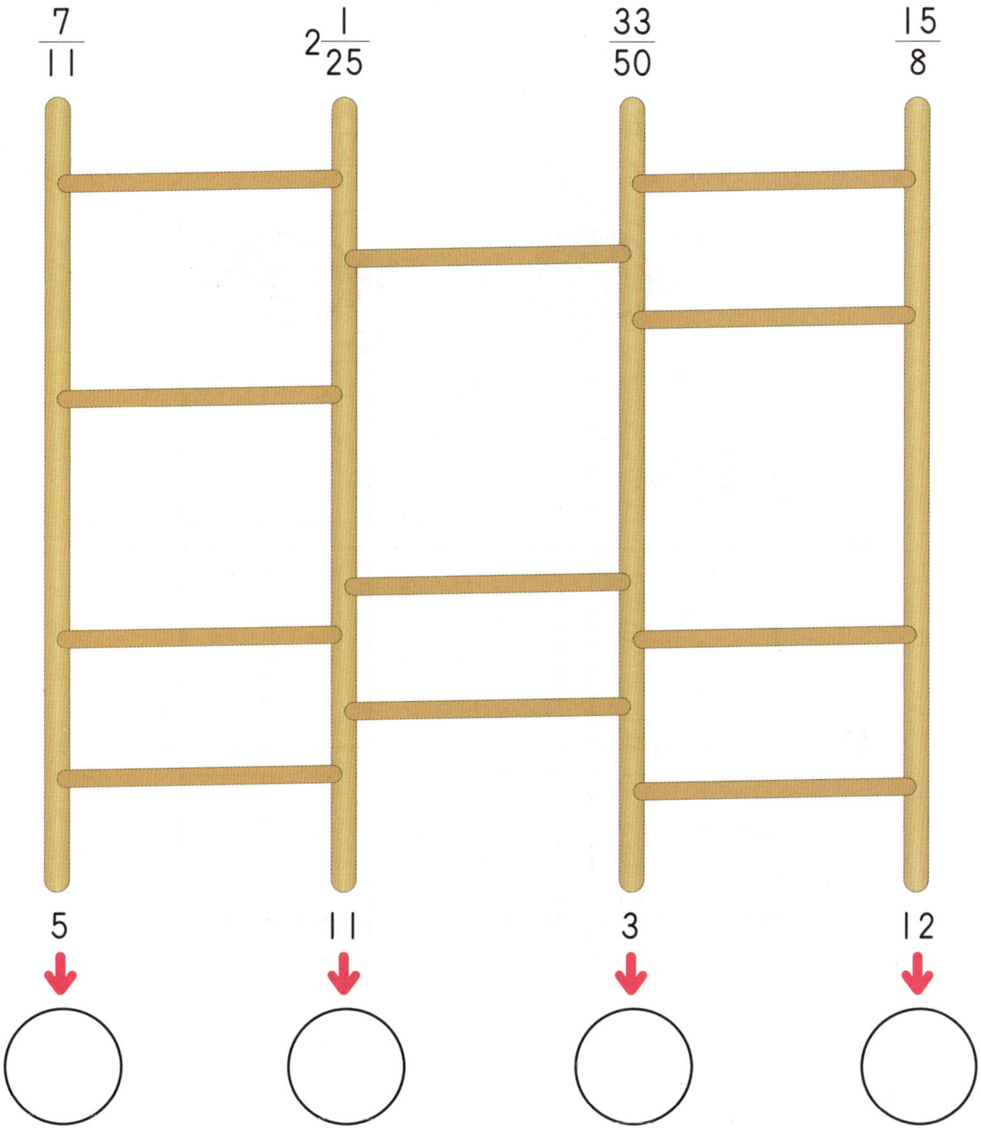

$$\frac{7}{11}\qquad 2\frac{1}{25}\qquad \frac{33}{50}\qquad \frac{15}{8}$$

5　　　　11　　　　3　　　　12

유진이네 집에서 영국이와 연주가 각자의 집에 가려고 합니다. 두 사람의 집을 찾아 차례로 기호를 쓰시오.

[답]

✿ 이름 :
✿ 날짜 :
✿ 시간 :   시   분 ~   시   분

 # 경시대회 예상문제

1 분수와 소수를 규칙에 따라 늘어놓았습니다. 10번째에 올 수를 구하시오.

$$\frac{81}{100},\ 0.19,\ \frac{77}{100},\ 0.24,\ \frac{73}{100},\ 0.29,\ \cdots\cdots$$

[답]

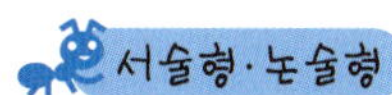

2 □ 안에 들어갈 수 있는 자연수를 모두 구하는 과정을 쓰고 답을 구하시오.

$$\frac{2}{5} < \frac{\square}{25} < 0.6$$

[답]

3 □ 안에 들어갈 수 있는 자연수를 모두 구하시오.

$$1 \div 5 < \square < 43 \div 8$$

[답]

4 ☐ 안에 들어갈 수 있는 가장 큰 자연수를 구하시오.

$$\frac{52}{5} \div 2 > \square$$

[답]

5 어떤 수를 5로 나누어야 할 것을 잘못하여 곱하였더니 $3\frac{3}{4}$이 되었습니다. 바르게 계산하면 얼마입니까?

[답]

6 다음은 사다리꼴을 3등분한 것입니다. 사다리꼴의 넓이가 $15\frac{3}{7}$cm²일 때 색칠한 부분의 넓이는 몇 cm²입니까?

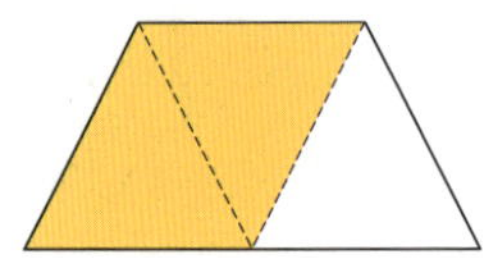

[답]

7 3에서 8까지의 숫자 중 2개로 다음 식을 만들려고 합니다. 계산 결과가 가장 작게 되는 식을 만들 때 □ 안에 알맞은 숫자를 써넣고 계산 결과를 대분수로 나타내시오.

$$5\frac{5}{6} \times \boxed{} \div \boxed{}$$

[답]

8 오른쪽 사각형 ㄱㄴㄷㄹ은 직선 ㄱㄷ과 직선 ㄴㄹ을 대칭축으로 하는 선대칭도형입니다. 사각형 ㄱㄴㄷㄹ의 넓이가 110cm²일 때, 선분 ㄴㅁ은 몇 cm입니까?

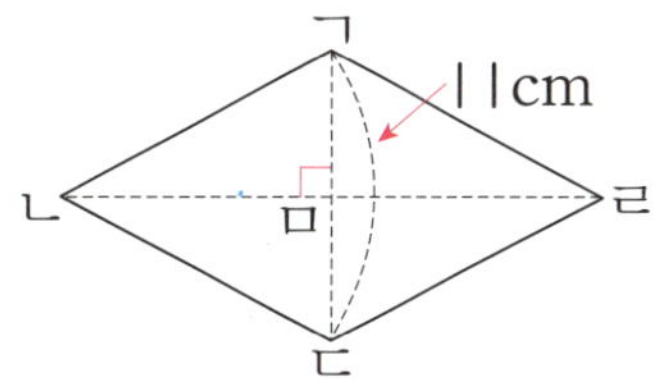

[답]

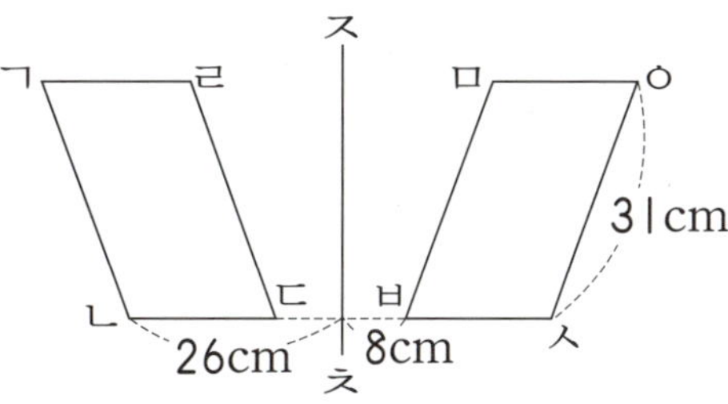

9 오른쪽 두 도형은 직선 ㅈㅊ을 대칭축으로 하는 선대칭의 위치에 있는 도형입니다. 사각형 ㄱㄴㄷㄹ의 둘레가 98cm일 때, 변 ㄱㄹ과 변 ㄷㄹ의 합은 몇 cm인지 풀이 과정을 쓰고 답을 구하시오.

[답]

10 **IOOI**은 점대칭이 되는 수입니다. 다음 숫자를 여러 번 사용하여 **IOOI**과 같이 점대칭이 되는 네 자리 수를 만들려고 합니다. 만들 수 있는 수를 3개만 쓰시오.

| I | 3 | 6 | 7 | 9 |

[답] ______________________

11 오른쪽 도형은 점대칭도형입니다. 각 ㄹㅁㅂ은 몇 도입니까?

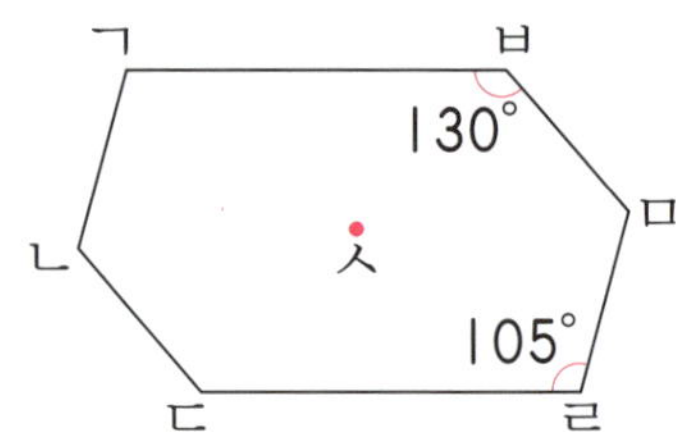

[답] ______________________

12 점대칭의 위치에 있는 도형을 그렸을 때, 두 도형에 둘러싸여 생기는 사각형의 넓이는 몇 cm²입니까?

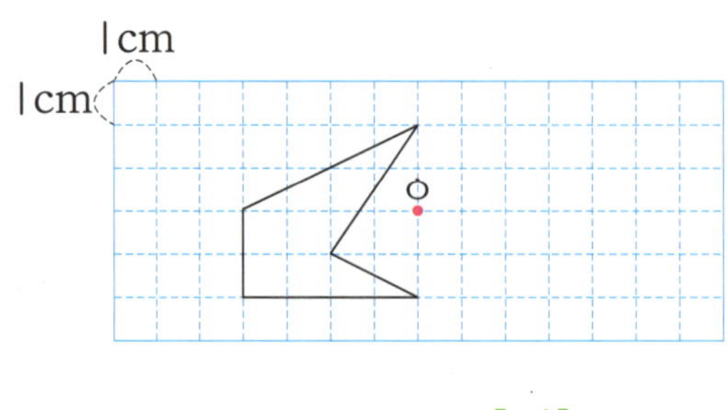

[답] ______________________

경시대회 예상문제

☐ 20~18문항 : Ⓐ 아주 잘함	학습한 교재에 대한 성취도가 매우 높습니다. ➡ 다음 단계인 I5로 진행하십시오.
☐ 17~15문항 : Ⓑ 잘함	학습한 교재에 대한 성취도가 충분합니다. ➡ 다음 단계인 I5로 진행하십시오.
☐ 14~12문항 : Ⓒ 보통	다음 단계로 나가는 능력이 약간 부족합니다. ➡ I4를 복습한 다음 I5로 진행하십시오.
☐ 11문항 이하 : Ⓓ 부족함	다음 단계로 나가기에는 능력이 아주 부족합니다. ➡ I4를 처음부터 다시 학습하십시오.

1 모눈종이의 전체 크기를 1이라고 할 때 색칠한 부분을 분수로 나타낸 것을 보고 소수로 고치시오.

$$\frac{77}{100} = \boxed{}$$

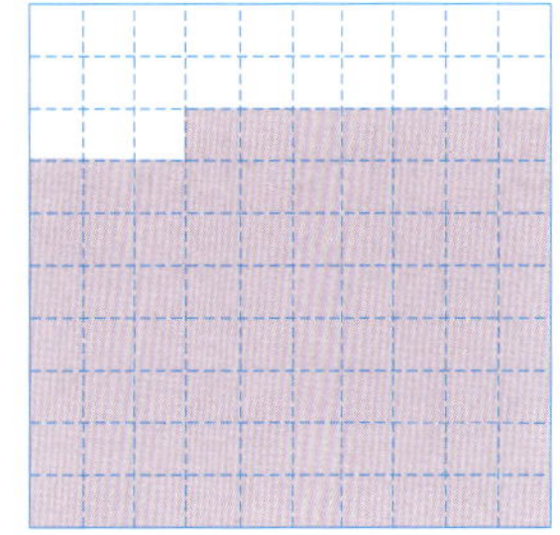

2 분수를 소수로 나타내었을 때, 나누어떨어지지 않아 간단한 소수로 나타낼 수 없는 것을 찾아 기호를 쓰시오.

$$\text{㉠ } \frac{3}{4} \qquad \text{㉡ } \frac{14}{15} \qquad \text{㉢ } 5\frac{9}{20} \qquad \text{㉣ } 4\frac{33}{125}$$

[답]

3 소수를 기약분수로 나타낼 때, 분모가 큰 것부터 차례로 기호를 쓰시오.

$$\text{㉠ } 0.06 \qquad \text{㉡ } 3.52 \qquad \text{㉢ } 0.608 \qquad \text{㉣ } 15.8$$

[답]

4 주스가 4L 있습니다. 그중 1.5L를 마셨습니다. 마시고 남은 주스는 몇 L
인지 기약분수로 나타내시오.

[답]

5 더 큰 수에 ◯표 하시오.

$$0.45 \qquad \frac{12}{25}$$

6 0에서 9까지의 숫자 중에서 ☐ 안에 들어갈 수 있는 숫자를 모두 구하시
오.

$$2\frac{5}{8} > 2.\square 3$$

[답]

7 나눗셈의 몫을 분수로 나타내시오.

(1) $1 \div 6$ (2) $8 \div 13$

8 나눗셈의 몫의 크기를 비교하여 ○ 안에 >, =, <를 알맞게 써넣으시오.

$$9 \div 15 \bigcirc 7 \div 20$$

9 떡 **4kg**을 **9**개의 접시에 똑같이 나누어 담으려고 합니다. 접시 한 개에 몇 **kg**의 떡을 담을 수 있는지 분수로 나타내시오.

[답]

10 빈칸에 알맞은 수를 써넣으시오.

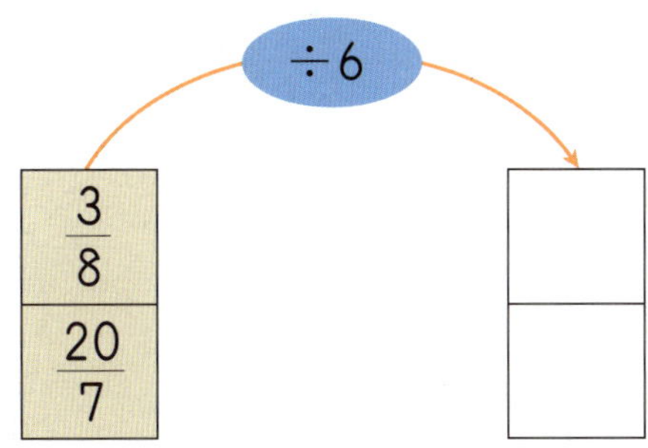

11 ☐ 안에 알맞은 수를 써넣으시오.

$$\boxed{} \times 9 = \frac{45}{14}$$

12 나눗셈의 몫을 찾아 선으로 이으시오.

(1) $1\frac{5}{9} \div 7$ •

(2) $3\frac{9}{13} \div 20$ •

• ㉠ $\frac{2}{9}$

• ㉡ $\frac{12}{65}$

• ㉢ $\frac{8}{27}$

13 똑같은 색 테이프 7개의 길이가 $8\frac{3}{4}$ m입니다. 색 테이프 한 개를 3명이 똑같이 나누어 가지려면 한 명이 가질 수 있는 색 테이프는 몇 m입니까?

[답]

14 선대칭도형을 찾아 쓰시오.

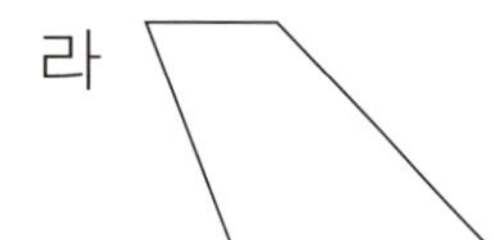

[답]

15 다음은 직선 ㄱㄴ을 대칭축으로 하는 선대칭도형입니다. 도형의 둘레는 몇 cm입니까?

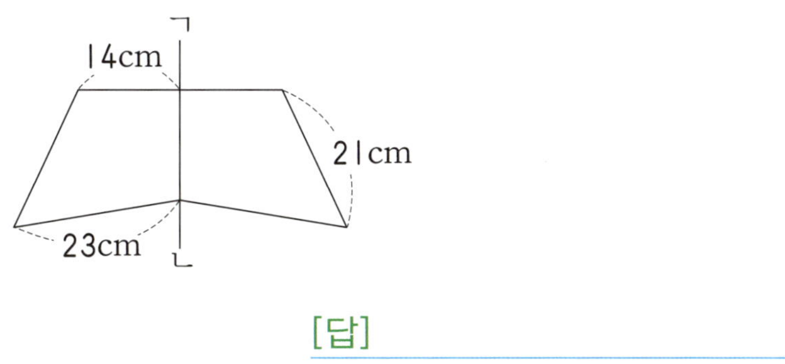

[답]

16 다음은 직선 ㅅㅇ을 대칭축으로 하는 선대칭의 위치에 있는 도형입니다. 각 ㄹㅁㅂ은 몇 도입니까?

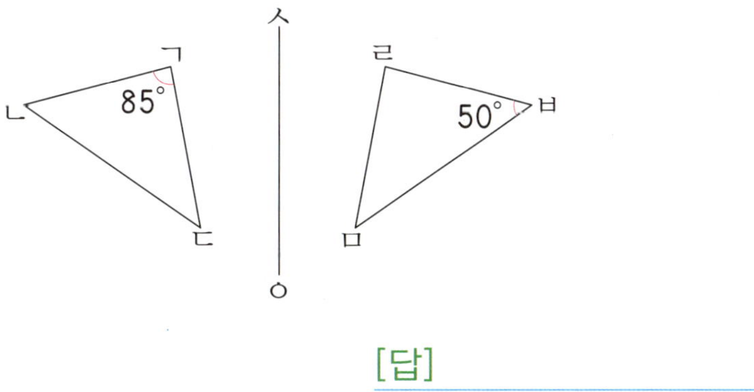

[답]

17 선대칭의 위치에 있는 도형을 그려 보시오.

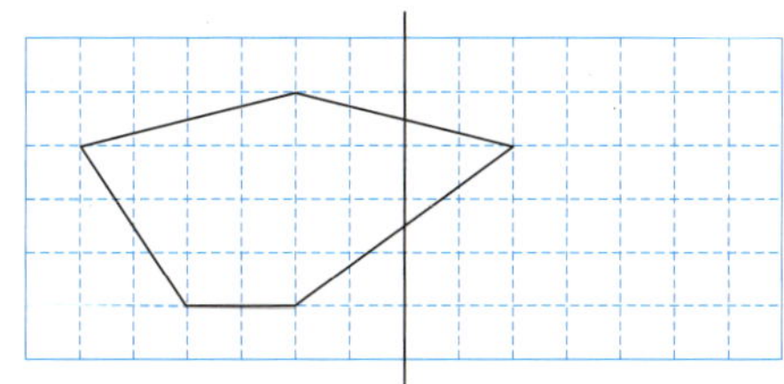

18 점대칭도형이 아닌 것을 찾아 기호를 쓰시오.

> ㉠ 정사각형   ㉡ 마름모
>
> ㉢ 정오각형   ㉣ 평행사변형

[답]

19 점대칭의 위치에 있는 도형을 그려 보시오.

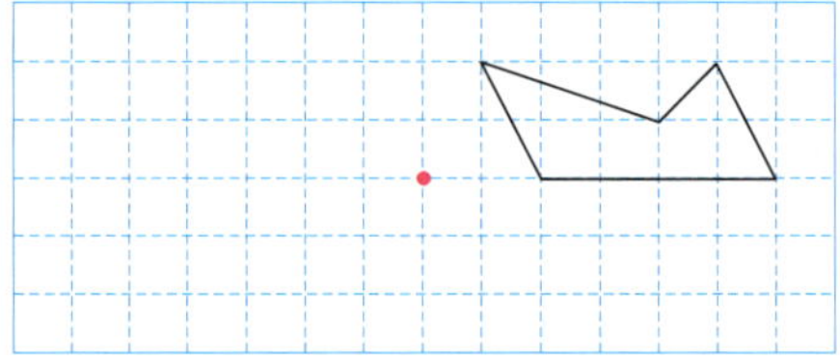

20 다음은 점 ㅈ을 대칭의 중심으로 하는 점대칭의 위치에 있는 도형입니다. 변 ㅅㅇ은 몇 cm입니까?

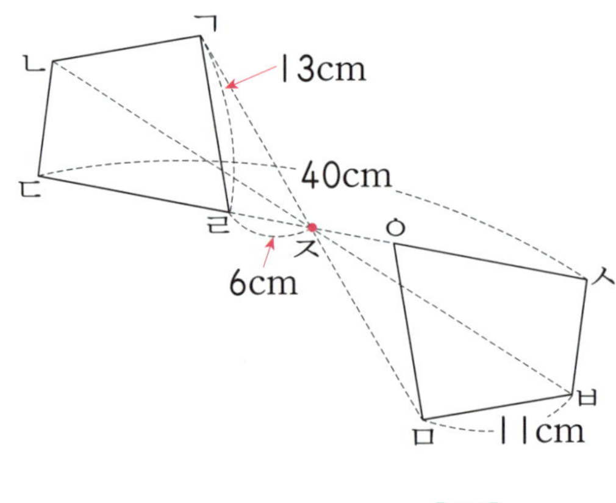

[답]

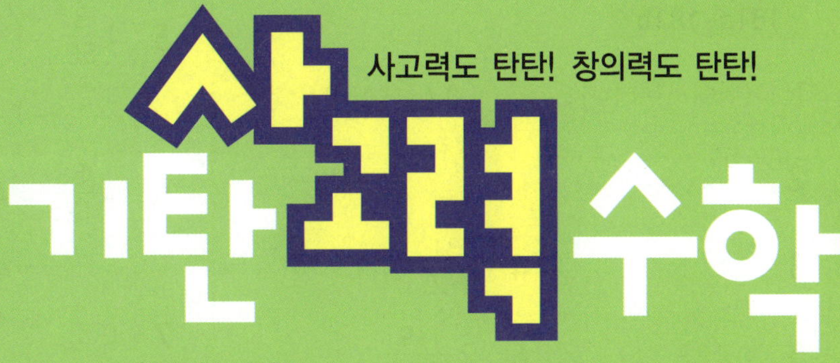

사고력도 탄탄! 창의력도 탄탄!
기탄 사고력 수학
해답

1181a~1240b

해답은 따로 보관하고 있다가
채점할 때 사용해 주세요.

181a~181b

1 (위에서부터) $\dfrac{1}{10}$, $\dfrac{4}{10}$ / 0.4, 0.6, 0.9

2 $\dfrac{59}{100}$, 0.59

3 0.5

4 $\dfrac{31}{100}$

5 0.032

6 $2\dfrac{119}{1000}$

7 ㉢

풀이 ㉠ $\dfrac{7}{10}=0.7$ ㉡ $0.28=\dfrac{28}{100}$

㉣ $5\dfrac{41}{100}=5.41$

8 0.83L

9 $\dfrac{587}{1000}$

풀이 0.1이 3개이면 0.3, 0.01이 27개이면 0.27, 0.001이 17개이면 0.017이므로 0.3+0.27+0.017=0.587입니다.

➡ $0.587=\dfrac{587}{1000}$

10 $9\dfrac{14}{100}$

풀이 분수와 소수가 번갈아 놓이는 규칙이므로 빈칸에는 분수가 와야 합니다. 모두 분모가 100인 분수로 나타내어 보면

$9\dfrac{2}{100}-9\dfrac{5}{100}-9\dfrac{8}{100}-9\dfrac{11}{100}-\square$로

$\dfrac{3}{100}$씩 커지는 규칙입니다.

➡ $\square=9\dfrac{11}{100}+\dfrac{3}{100}=9\dfrac{14}{100}$

182a~182b

1 (1) 125, 125, 625 (2) 0.625

2 2, 2, 2, 0.2

3 5, 5, 45, 0.45

4 25, 25, 575, 0.575

5 $1\dfrac{3}{50}=1+\dfrac{3}{50}=1+\dfrac{3\times2}{50\times2}$

$=1+\dfrac{6}{100}=1.06$

6 $4\dfrac{53}{125}=4+\dfrac{53}{125}=4+\dfrac{53\times8}{125\times8}$

$=4+\dfrac{424}{1000}=4.424$

7 0.5

8 0.75

9 0.65

10 2.22

11 0.375

12 3.246

183a~183b

1 ㉡, ㉣

풀이 $\dfrac{3}{5}$을 소수로 나타내면 0.6

㉠ $\dfrac{3}{10}$을 소수로 나타내면 0.3

㉡ $\dfrac{15}{25}$를 소수로 나타내면

$\dfrac{15}{25}=\dfrac{60}{100}=0.6$

2 ㉣

3 8

4 ㉡

5 ㉡

6 ㉣

풀이 ㉣ $\dfrac{101}{200}=0.505$

184a~184b

1 0.218

풀이 $\dfrac{21}{100}=0.21$, $\dfrac{11}{50}=0.22$이므로

$\dfrac{21}{100}$에서 $\dfrac{11}{50}$까지 큰 눈금 한 칸의 크기는 0.01입니다. 0.01을 10등분하였으므로 작은 눈금 한 칸의 크기는 0.001입니다. $\square$는 0.21에서 작은 눈금 8칸을 더 갔으므로 0.218을 나타냅니다.

2 0.54L

풀이 3L의 $\dfrac{9}{50}$ 는 $3 \times \dfrac{9}{50}$(L)입니다.

➡ $3 \times \dfrac{9}{50} = \dfrac{27}{50} = \dfrac{54}{100} = 0.54$(L)

3 ㉡

풀이 $2\dfrac{5}{8} = 2\dfrac{625}{1000} = 2.625$

㉠ $2.625 - 2.6 = 0.025$
㉡ $2.625 - 2.62 = 0.005$
㉢ $2.725 - 2.625 = 0.1$
㉣ $2.82 - 2.625 = 0.195$

4 0.84

풀이 $\dfrac{1}{5}$ 이 3이면 $\dfrac{3}{5}$ ➡ $\dfrac{3}{5} = \dfrac{6}{10} = 0.6$

$\dfrac{1}{25}$ 이 6이면 $\dfrac{6}{25}$ ➡ $\dfrac{6}{25} = \dfrac{24}{100} = 0.24$
따라서 $0.6 + 0.24 = 0.84$입니다.

5 0.45

풀이 색칠한 부분은 전체를 20으로 나눈 것 중의 9를 색칠한 것이므로 전체의 $\dfrac{9}{20} = \dfrac{45}{100} = 0.45$입니다.

6 1.4

풀이 가장 작은 대분수를 만들려면 자연수 부분에 가장 작은 수를 놓아야 합니다. $1 < 2 < 5$이므로 숫자 카드를 한 번씩 사용하여 만들 수 있는 가장 작은 대분수는 $1\dfrac{2}{5}$입니다.

➡ $1\dfrac{2}{5} = 1\dfrac{4}{10} = 1.4$

7 6.75

풀이 가장 큰 대분수를 만들려면 자연수 부분에 가장 큰 수를 놓아야 합니다. $6 > 4 > 3$이므로 숫자 카드를 한 번씩 사용하여 만들 수 있는 가장 큰 대분수는 $6\dfrac{3}{4}$입니다.

➡ $6\dfrac{3}{4} = 6\dfrac{75}{100} = 6.75$

185a~185b

1 1.6kg　　　**2** 39.75kg

3 7.58km　　　**4** 0.625

5 0.875kg

풀이 5kg의 $\dfrac{7}{40}$ 은 $5 \times \dfrac{7}{40}$(kg)입니다.

➡ $5 \times \dfrac{7}{40} = \dfrac{7}{8} = \dfrac{875}{1000} = 0.875$(kg)

6 2.48L
풀이 (마시고 남은 주스)
$= 3 - \dfrac{13}{25} = 2\dfrac{12}{25} = 2\dfrac{48}{100} = 2.48$(L)

7 0.85kg

풀이 $\dfrac{3}{5} = \dfrac{6}{10} = 0.6,\ \dfrac{1}{4} = \dfrac{25}{100} = 0.25$
(곰 인형과 강아지 인형의 무게)
$= 0.6 + 0.25 = 0.85$(kg)

186a~186b

1 (1) 2, 4　(2) $\dfrac{2}{5}$　(3) $2\dfrac{2}{5}$

2 6, $\dfrac{3}{5}$　　　**3** 42, $\dfrac{21}{50}$

4 555, $\dfrac{111}{200}$

5 $3.8 = 3 + 0.8 = 3 + \dfrac{8}{10} = 3\dfrac{8}{10} = 3\dfrac{4}{5}$

6 $2.075 = 2 + 0.075 = 2 + \dfrac{75}{1000}$
$\qquad = 2\dfrac{75}{1000} = 2\dfrac{3}{40}$

7 $\dfrac{1}{5}$　　　**8** $\dfrac{3}{50}$

9 $\dfrac{27}{50}$　　　**10** $2\dfrac{41}{50}$

11 $\dfrac{76}{125}$　　　**12** $7\dfrac{24}{125}$

187a~187b

1 ㉣　　　**2** (1)—㉡　(2)—㉠

3 ㄹ

4 17

5 ㄴ

6 ㄹ, ㄴ, ㄱ, ㄷ

> **풀이** ㄱ $5.02 = 5\dfrac{2}{100} = 5\dfrac{1}{50}$
>
> ㄴ $0.76 = \dfrac{76}{100} = \dfrac{19}{25}$
>
> ㄷ $1.642 = 1\dfrac{642}{1000} = 1\dfrac{321}{500}$
>
> ㄹ $21.4 = 21\dfrac{4}{10} = 21\dfrac{2}{5}$

7 $\dfrac{35}{100},\ \dfrac{36}{100},\ \dfrac{37}{100},\ \dfrac{38}{100}$

> **풀이** $0.34 = \dfrac{34}{100}$, $0.39 = \dfrac{39}{100}$ 이므로 0.34와 0.39 사이에 있는 분수 중에서 분모가 100인 분수는 $\dfrac{35}{100},\ \dfrac{36}{100},\ \dfrac{37}{100},\ \dfrac{38}{100}$ 입니다.

188a~188b

1 $1\dfrac{53}{125}$

> **풀이** 0.01을 10등분하였으므로 작은 눈금 한 칸의 크기는 0.001입니다.
>
> ➡ $\square = 1.424 = 1\dfrac{424}{1000} = 1\dfrac{53}{125}$

2 ㄴ

3 $\dfrac{97}{125}$

4 $\dfrac{20}{25}$

> **풀이** $0.8 = \dfrac{8}{10} = \dfrac{4}{5}$
>
> $\dfrac{4}{5}$ 와 크기가 같은 분수 중에서 분모와 분자의 합이 45인 분수를 찾습니다.

$\dfrac{4}{5} = \dfrac{8}{10} = \dfrac{12}{15} = \dfrac{16}{20} = \dfrac{20}{25} = \dfrac{24}{30} = \cdots\cdots$ 에서 분모와 분자의 합이 45인 분수는 $\dfrac{20}{25}$ 입니다.

5 $3\dfrac{11}{250}$

> **풀이** $3.044 = 3\dfrac{44}{1000} = 3\dfrac{11}{250}$

6 $23\dfrac{29}{50}$

> **풀이** 가장 작은 소수 두 자리 수를 만들려면 높은 자리부터 작은 숫자를 놓아야 합니다. $2 < 3 < 5 < 8$이므로 숫자 카드 4장을 모두 한 번씩만 사용하여 만들 수 있는 가장 작은 소수 두 자리 수는 23.58입니다.
>
> ➡ $23.58 = 23\dfrac{58}{100} = 23\dfrac{29}{50}$

7 $6\dfrac{133}{250}$

> **풀이** 가장 큰 소수 세 자리 수를 만들려면 높은 자리부터 큰 숫자를 놓아야 합니다. $6 > 5 > 3 > 2$이므로 숫자 카드 4장을 모두 한 번씩만 사용하여 만들 수 있는 가장 큰 소수 세 자리 수는 6.532입니다.
>
> ➡ $6.532 = 6\dfrac{532}{1000} = 6\dfrac{133}{250}$

189a~189b

1 $3\dfrac{3}{5}$ kg

2 $15\dfrac{3}{4}$ L

3 $9\dfrac{37}{125}$ km

4 $1\dfrac{2}{5}$ kg

5 $5\dfrac{7}{125}$ km

> **풀이** (재웅이가 어제와 오늘 걸은 거리)
> $= 2.05 + 3.006 = 5.056$
> $= 5\dfrac{56}{1000} = 5\dfrac{7}{125}$ (km)

6 $1\dfrac{22}{25}$ kg

풀이 수박은 멜론보다

$$6.25-4.37=1.88=1\frac{88}{100}=1\frac{22}{25}\,(\text{kg})$$

더 무겁습니다.

7 $1\frac{11}{25}$ m

풀이 (선물을 포장하는 데 사용한 색 테이프)$=5\times\frac{1}{5}=1\,(\text{m})$

(남은 색 테이프)$=5-1-2.56=1.44$
$$=1\frac{44}{100}=1\frac{11}{25}\,(\text{m})$$

190a~190b

1

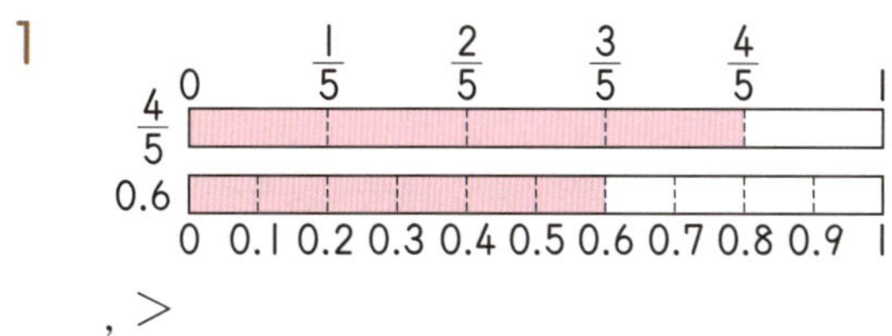

, >

2 예

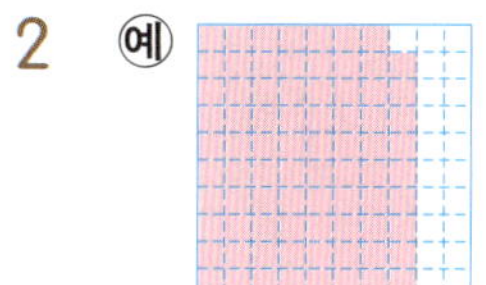 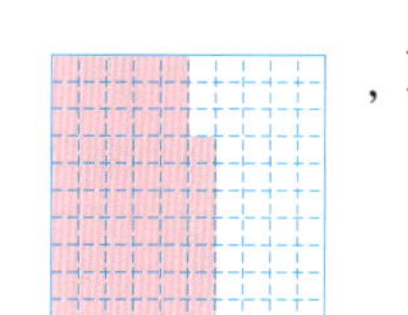

, >

3 0.8, > **4** 2.392, >

5 3, > **6** 6, =

7 > **8** <

9 > **10** >

11 = **12** >

191a~191b

1 0.7에 ◯표 **2** ㉡

3 0.7, 0.8

풀이 $\frac{3}{5}=\frac{6}{10}=0.6$이므로 $\frac{3}{5}$보다 크고 0.9보다 작은 소수 한 자리 수는 0.7, 0.8 입니다.

4 ㉡, ㉠, ㉣, ㉢

풀이 ㉠ 2.4 ㉡ 2.32

㉢ $2\frac{37}{50}=2\frac{74}{100}=2.74$

㉣ $2\frac{9}{20}=2\frac{45}{100}=2.45$

➡ ㉡<㉠<㉣<㉢

5 혜수

풀이 은정: $11.54=11\frac{54}{100}\,(\text{L})$

유미: $11\frac{19}{50}=11\frac{38}{100}\,(\text{L})$

혜수: $11\frac{11}{20}=11\frac{55}{100}\,(\text{L})$

따라서 $11\frac{55}{100}>11\frac{54}{100}>11\frac{38}{100}$이므로 우유를 가장 많이 마신 사람은 혜수입니다.

6 9.07, 9.273에 ◯표

풀이 $9\frac{29}{40}=9\frac{725}{1000}=9.725$이므로 □ 안에 들어갈 수 있는 수는 9.725보다 작은 9.07, 9.273입니다.

7 6, 7, 8, 9

풀이 $13\frac{3}{5}=13\frac{6}{10}=13.6$

$13.6<13.□3$에서 □ 안에 들어갈 수 있는 숫자는 6보다 크거나 같아야 하므로 6, 7, 8, 9입니다.

192a~192b

1 은정

2 해준

풀이 $1.43=1\frac{43}{100}$, $1\frac{11}{20}=1\frac{55}{100}$

따라서 $1\frac{43}{100}<1\frac{55}{100}$이므로 키가 더 큰 사람은 해준입니다.

3 강아지

풀이 $2\frac{21}{25}=2\frac{84}{100}=2.84$

따라서 $2.84<2.9$이므로 더 가벼운 동물은 강아지입니다.

4 놀이터

풀이 $15\frac{33}{50}=15\frac{66}{100}=15.66$

따라서 $15.543<15.66$이므로 학교에서 더 먼 곳은 놀이터입니다.

5 영준

풀이 희진: $3\frac{7}{25}=3\frac{28}{100}=3.28$

유민: $3\frac{1}{5}=3\frac{2}{10}=3.2$

따라서 $3.29>3.28>3.2$이므로 밀가루를 가장 많이 사용한 사람은 영준입니다.

6 빨간색 테이프

풀이 (파란색 테이프)$=8\times\frac{7}{20}$
$$=2\frac{4}{5}\,(\text{m})$$

$2\frac{4}{5}=2\frac{8}{10}=2.8$

따라서 $2.8<3.3$이므로 영민이는 빨간색 테이프를 더 많이 사용했습니다.

a ㉠, ㉡

풀이

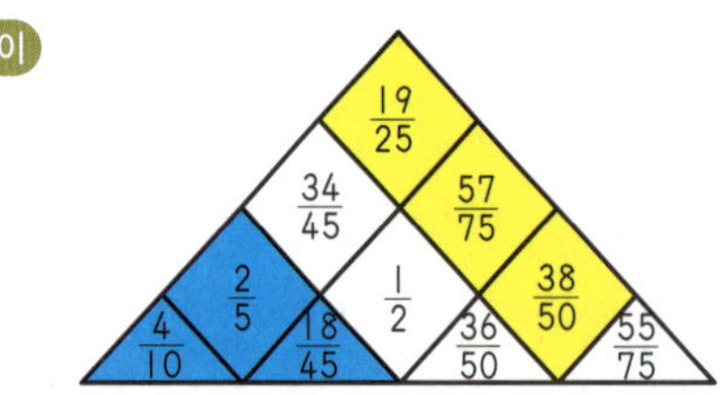

b 재웅, 현준, 영민

풀이 $40\frac{5}{8}=40.625$, $40\frac{1}{4}=40.25$,

$40\frac{13}{25}=40.52$이므로

$40.25<40.4<40.5<40.52<40.625$
입니다. 따라서 금메달은 재웅, 은메달은 현준, 동메달은 영민입니다.

1 14개

2 5.354

풀이 $5\frac{7}{20}=5\frac{35}{100}=5.35$,

$5\frac{9}{25}=5\frac{36}{100}=5.36$이므로 $5\frac{7}{20}$에서 $5\frac{9}{25}$까지 큰 눈금 한 칸의 크기는 0.01입니다. 0.01을 10등분하였으므로 작은 눈금 한 칸의 크기는 0.001입니다.
➡ □=5.354

3 1.425

풀이 $\frac{1}{5}$이 2이면 $\frac{2}{5}$ ➡ $\frac{2}{5}=\frac{4}{10}=0.4$

$\frac{1}{20}$이 13이면 $\frac{13}{20}$ ➡ $\frac{13}{20}=\frac{65}{100}=0.65$

$\frac{1}{8}$이 3이면 $\frac{3}{8}$ ➡ $\frac{3}{8}=\frac{375}{1000}=0.375$

따라서 소수로 나타내면
$0.4+0.65+0.375=1.425$입니다.

4 6.75시간

풀이 2시간 15분은 2.25시간입니다.
따라서 정수가 3일 동안 영어 공부를 한 시간은 $2.25+2.25+2.25=6.75$(시간)입니다.

5 0.33

풀이 홀수 번째에는 분수, 짝수 번째에는 소수가 오므로 12번째에 올 수는 소수입니다. 홀수 번째에는 $\frac{9}{10}$가 반복되고, 짝수 번째에는 소수가 0.02씩 커지는 규칙입니다. 따라서 12번째에 올 수는 0.33입니다.

6 $8.31=8\frac{31}{100}$, $8.38=8\frac{38}{100}$이므로

$8\frac{31}{100}<□<8\frac{38}{100}$ 입니다. □ 안에 들어

갈 수 있는 분모가 100인 분수는 $8\frac{32}{100}$,

$8\frac{33}{100}$, $8\frac{34}{100}$, $8\frac{35}{100}$, $8\frac{36}{100}$, $8\frac{37}{100}$

이고 이 중에서 기약분수로 나타내었을 때 분모가 25인 분수는 $8\frac{32}{100}=8\frac{8}{25}$, $8\frac{36}{100}=8\frac{9}{25}$ 로 모두 2개입니다.

[답] 2개

평가 기준	
상	□ 안에 들어갈 수 있는 분모가 100인 분수와 분모가 25인 기약분수는 몇 개인지 바르게 구한 경우
중	□ 안에 들어갈 수 있는 분모가 100인 분수를 구하였으나 분모가 25인 기약분수는 몇 개인지 구하지 못한 경우
하	풀이 과정과 답을 구하지 못한 경우

7 8, 9, 10, 11

풀이 $\frac{3}{8}=\frac{15}{40}$, $\frac{\square}{20}=\frac{\square\times2}{40}$, $0.6=\frac{24}{40}$ 이므로 $\frac{15}{40}<\frac{\square\times2}{40}<\frac{24}{40}$ 입니다. 분모가 같으므로 $15<\square\times2<24$ 를 만족하는 자연수는 8, 9, 10, 11입니다.

8 $\frac{15}{24}$

풀이 $0.625=\frac{625}{1000}=\frac{5}{8}$ $\frac{5}{8}=\frac{10}{16}=\frac{15}{24}=\frac{20}{32}=\frac{25}{40}=\cdots\cdots$ 중에서 분자와 분모의 최소공배수가 120인 분수는 $\frac{15}{24}$입니다.

9 12가지

풀이 $\frac{4}{8}>0.\boxed{3}\boxed{5}\boxed{6}$,

$\frac{4}{8}>0.\boxed{3}\boxed{6}\boxed{5}$, $\frac{5}{8}>0.\boxed{3}\boxed{4}\boxed{6}$,

$\frac{5}{8}>0.\boxed{3}\boxed{6}\boxed{4}$, $\frac{5}{8}>0.\boxed{4}\boxed{3}\boxed{6}$,

$\frac{5}{8}>0.\boxed{4}\boxed{6}\boxed{3}$, $\frac{6}{8}>0.\boxed{3}\boxed{4}\boxed{5}$,

$\frac{6}{8}>0.\boxed{3}\boxed{5}\boxed{4}$, $\frac{6}{8}>0.\boxed{4}\boxed{3}\boxed{5}$,

$\frac{6}{8}>0.\boxed{4}\boxed{5}\boxed{3}$, $\frac{6}{8}>0.\boxed{5}\boxed{3}\boxed{4}$,

$\frac{6}{8}>0.\boxed{5}\boxed{4}\boxed{3}$

10 $8\frac{4}{5}$, 1.24 / $7\frac{14}{25}$

풀이 $8>5>4>2>1$이므로 가장 큰 대분수는 $8\frac{4}{5}$이고, 가장 작은 소수 두 자리 수는 1.24입니다. $8\frac{4}{5}=8\frac{20}{25}$, $1.24=1\frac{24}{100}=1\frac{6}{25}$이고 $8\frac{20}{25}>1\frac{6}{25}$이므로 $8\frac{20}{25}-1\frac{6}{25}=7\frac{14}{25}$ 입니다.

11 $5\frac{11}{20}=5\frac{55}{100}=5.55$
(줄인 가로)$=5.55-1.05=4.5$(cm)
(늘인 세로)$=5.55+2.065=7.615$(cm)
(직사각형의 둘레)
$=4.5+7.615+4.5+7.615$
$=24.23$(cm)
[답] 24.23cm

평가 기준	
상	정사각형의 줄인 가로, 늘인 세로와 직사각형의 둘레를 바르게 구한 경우
중	정사각형의 줄인 가로와 늘인 세로를 구하였으나 직사각형의 둘레를 구하지 못한 경우
하	풀이 과정과 답을 구하지 못한 경우

196a~196b

1 (1) , $\frac{1}{3}$

(2) $\frac{1}{3}$ (3) $\frac{1}{3}$, $\frac{1}{3}$

2 $\frac{1}{6}$, $\frac{1}{6}$ **3** $\frac{1}{8}$, $\frac{1}{8}$

4 $1\times\frac{1}{5}$ **5** $1\times\frac{1}{7}$

6 $1\times\frac{1}{11}$ **7** $1\times\frac{1}{13}$

8 $\dfrac{1}{2}$ **9** $\dfrac{1}{4}$

10 $\dfrac{1}{9}$ **11** $\dfrac{1}{14}$

12 $\dfrac{1}{15}$ **13** $\dfrac{1}{21}$

197a~197b

1 (위에서부터) $\dfrac{1}{4}$, $\dfrac{1}{12}$

2 $>$

풀이 $1 \div 2 = \dfrac{1}{2}$, $1 \div 10 = \dfrac{1}{10}$

분자가 1로 같은 단위분수의 크기는 분모가 작을수록 큰 수이므로 $1 \div 2 > 1 \div 10$입니다.

3 ㄹ

풀이 ㄹ $1 \div 17 = \dfrac{1}{17}$

4 ㄱ, ㄷ, ㄴ, ㄹ

풀이 ㄱ $1 \div 18 = \dfrac{1}{18}$ ㄴ $1 \div 7 = \dfrac{1}{7}$

ㄷ $1 \div 16 = \dfrac{1}{16}$ ㄹ $1 \div 3 = \dfrac{1}{3}$

5 $1 \div 5 = \dfrac{1}{5}$, $\dfrac{1}{5}$ m

6 $\dfrac{1}{4}$ kg

풀이 (참외 4개의 무게) $= 1\dfrac{1}{9} - \dfrac{1}{9}$
$= 1(\text{kg})$

(참외 한 개의 무게) $= 1 \div 4 = \dfrac{1}{4}(\text{kg})$

198a~198b

1 (1) $\dfrac{1}{4}$ cm, 3cm 그림 , $\dfrac{3}{4}$

---

(2) $\dfrac{1}{4}$ (3) $\dfrac{3}{4}$, $\dfrac{1}{4}$

2 $\dfrac{3}{5}$, $\dfrac{1}{5}$ **3** $2 \times \dfrac{1}{5}$

4 $5 \times \dfrac{1}{9}$ **5** $8 \times \dfrac{1}{11}$

6 $14 \times \dfrac{1}{17}$ **7** $\dfrac{3}{8}$

8 $\dfrac{4}{7}$ **9** $\dfrac{5}{9}$

10 $\dfrac{8}{13}$ **11** $\dfrac{10}{17}$

12 $\dfrac{15}{22}$

199a~199b

1 $\dfrac{6}{11}$

2 $\dfrac{1}{10}$

풀이 ㄱ $9 \div 10 = 9 \times \dfrac{1}{10} = \dfrac{9}{10}$

ㄴ $4 \div 5 = 4 \times \dfrac{1}{5} = \dfrac{4}{5}$

➡ ㄱ $-$ ㄴ $= \dfrac{9}{10} - \dfrac{4}{5} = \dfrac{9}{10} - \dfrac{8}{10} = \dfrac{1}{10}$

3 $<$

풀이 $7 \div 12 = \dfrac{7}{12} = \dfrac{28}{48}$

$11 \div 16 = \dfrac{11}{16} = \dfrac{33}{48}$

➡ $7 \div 12 \ \bigcirc< \ 11 \div 16$

4 ㄷ

풀이 ㄷ $6 \div 13 = \dfrac{6}{13}$

5 ㄹ, ㄱ, ㄷ, ㄴ

풀이 ㉠ $3 \div 4 = \dfrac{3}{4} = \dfrac{45}{60}$

㉡ $5 \div 12 = \dfrac{5}{12} = \dfrac{25}{60}$

㉢ $7 \div 10 = \dfrac{7}{10} = \dfrac{42}{60}$

㉣ $5 \div 6 = \dfrac{5}{6} = \dfrac{50}{60}$

6 $5 \div 7 = \dfrac{5}{7}$, $\dfrac{5}{7}$L

7 $4 \div 5 = \dfrac{4}{5}$, $\dfrac{4}{5}$cm

200a~200b

1 (1) $\dfrac{1}{4}$, $\dfrac{3}{20}$ (2) 4, $\dfrac{3}{20}$

2 3, $\dfrac{5}{18}$ 3 2, $\dfrac{9}{26}$

4 $\dfrac{3}{7} \div 6 = \dfrac{3}{7 \times 6} = \dfrac{1}{14}$

5 $\dfrac{10}{11} \div 5 = \dfrac{10}{11 \times 5} = \dfrac{2}{11}$

6 $\dfrac{1}{12}$ 7 $\dfrac{4}{45}$

8 $\dfrac{1}{30}$ 9 $\dfrac{1}{36}$

10 $\dfrac{2}{45}$ 11 $\dfrac{3}{46}$

201a~201b

1 $\dfrac{5}{24}$, $\dfrac{3}{22}$

2 $>$

풀이 $\dfrac{3}{8} \div 5 = \dfrac{3}{8 \times 5} = \dfrac{3}{40}$

$\dfrac{3}{20} \div 6 = \dfrac{3}{20 \times 6} = \dfrac{1}{40}$

➡ $\dfrac{3}{8} \div 5 \;>\; \dfrac{3}{20} \div 6$

3 ㉣

풀이 ㉠ $\dfrac{2}{3} \div 6 = \dfrac{2}{3 \times 6} = \dfrac{1}{9}$

㉡ $\dfrac{7}{9} \div 4 = \dfrac{7}{9 \times 4} = \dfrac{7}{36}$

㉢ $\dfrac{9}{13} \div 12 = \dfrac{9}{13 \times 12} = \dfrac{3}{52}$

㉣ $\dfrac{2}{21} \div 7 = \dfrac{2}{21 \times 7} = \dfrac{2}{147}$

4 ㉡

풀이 나눗셈의 몫을 구하여 분자를 같게 만들어 봅니다.

㉠ $\dfrac{3}{7} \div 6 = \dfrac{3}{7 \times 6} = \dfrac{1}{14} = \dfrac{4}{56}$

㉡ $\dfrac{4}{5} \div 3 = \dfrac{4}{5 \times 3} = \dfrac{4}{15}$

㉢ $\dfrac{10}{11} \div 5 = \dfrac{10}{11 \times 5} = \dfrac{2}{11} = \dfrac{4}{22}$

㉣ $\dfrac{8}{9} \div 4 = \dfrac{8}{9 \times 4} = \dfrac{2}{9} = \dfrac{4}{18}$

분자가 같은 분수의 크기는 분모가 작을수록 큰 수이므로 $\dfrac{4}{15} > \dfrac{4}{18} > \dfrac{4}{22} > \dfrac{4}{56}$ 입니다.

따라서 나눗셈의 몫이 가장 큰 것은 ㉡입니다.

5 $\dfrac{4}{95}$

풀이 어떤 수를 □라고 하면

$□ \times 15 = \dfrac{12}{19}$ 입니다.

$□ = \dfrac{12}{19} \div 15 = \dfrac{12}{19 \times 15} = \dfrac{4}{95}$

따라서 어떤 수는 $\dfrac{4}{95}$ 입니다.

6 $\dfrac{24}{25} \div 3 = \dfrac{8}{25}$, $\dfrac{8}{25}$ L

202a~202b

1 (1) $\dfrac{2}{3}$　(2) 4, $\dfrac{8}{12}$, $\dfrac{2}{3}$

2 6, $\dfrac{9}{24}$, $\dfrac{3}{8}$　　**3** 7, $\dfrac{21}{70}$, $\dfrac{3}{10}$

4 $\dfrac{3}{2} \div 3 = \dfrac{3}{2 \times 3} = \dfrac{1}{2}$

5 $\dfrac{24}{13} \div 20 = \dfrac{24}{13 \times 20} = \dfrac{6}{65}$

6 $\dfrac{1}{6}$　　　　**7** $\dfrac{1}{12}$

8 $\dfrac{7}{24}$　　　　**9** $\dfrac{10}{27}$

10 $\dfrac{1}{11}$　　　**11** $\dfrac{5}{46}$

203a~203b

1 $\dfrac{7}{8}$　　　　　　**2** $>$

3 $\dfrac{1}{18}$

풀이 ㉠ $\dfrac{8}{3} \div 3 = \dfrac{8}{3 \times 3} = \dfrac{8}{9}$

㉡ $\dfrac{25}{6} \div 5 = \dfrac{25}{6 \times 5} = \dfrac{5}{6}$

➡ ㉠－㉡ $= \dfrac{8}{9} - \dfrac{5}{6} = \dfrac{16}{18} - \dfrac{15}{18} = \dfrac{1}{18}$

4 $\dfrac{5}{14}$

풀이 $\square \times 12 = \dfrac{30}{7}$ 에서 $\square = \dfrac{30}{7} \div 12$

$\square = \dfrac{30}{7} \div 12 = \dfrac{30}{7 \times 12} = \dfrac{5}{14}$

5 ㉣

풀이 ㉠ $\dfrac{5}{4} \div 5 = \dfrac{5}{4 \times 5} = \dfrac{1}{4} < 1$

㉡ $\dfrac{16}{11} \div 2 = \dfrac{16}{11 \times 2} = \dfrac{8}{11} < 1$

㉢ $\dfrac{14}{9} \div 7 = \dfrac{14}{9 \times 7} = \dfrac{2}{9} < 1$

㉣ $\dfrac{15}{2} \div 3 = \dfrac{15}{2 \times 3} = \dfrac{5}{2} = 2\dfrac{1}{2} > 1$

6 $\dfrac{45}{8} \div 9 = \dfrac{5}{8}$, $\dfrac{5}{8}$ cm

7 $\dfrac{39}{10} \div 3 = 1\dfrac{3}{10}$, $1\dfrac{3}{10}$ m

---

204a~204b

1 (1) 4　(2) 4, 4, 2, $\dfrac{4}{6}$, $\dfrac{2}{3}$

2 3, 3, 2, 5, $\dfrac{3}{10}$　　**3** 11, 11, 4, 3, $\dfrac{11}{12}$

4 16, 16, 5, 7, $\dfrac{16}{35}$

5 $1\dfrac{2}{3} \div 10 = \dfrac{5}{3} \div 10 = \dfrac{5}{3 \times 10} = \dfrac{1}{6}$

6 $1\dfrac{3}{7} \div 15 = \dfrac{10}{7} \div 15 = \dfrac{10}{7 \times 15} = \dfrac{2}{21}$

7 $\dfrac{3}{10}$　　　　**8** $\dfrac{3}{16}$

9 $\dfrac{1}{4}$　　　　**10** $1\dfrac{2}{5}$

11 $\dfrac{7}{9}$　　　　**12** $\dfrac{7}{44}$

205a~205b

1 $\dfrac{11}{27}$, $\dfrac{17}{42}$

2 $(1)-\boxdot$ $(2)-\boxdot$

3 1, 3, 2

풀이 $3\dfrac{4}{15}\div 7=\dfrac{49}{15}\div 7=\dfrac{49}{15\times 7}=\dfrac{7}{15}$

$2\dfrac{8}{9}\div 2=\dfrac{26}{9}\div 2=\dfrac{26}{9\times 2}=\dfrac{13}{9}=1\dfrac{4}{9}$

$6\dfrac{3}{5}\div 9=\dfrac{33}{5}\div 9=\dfrac{33}{5\times 9}=\dfrac{11}{15}$

➡ $\dfrac{7}{15}<\dfrac{11}{15}<1\dfrac{4}{9}$

4 $\dfrac{6}{7}$

풀이 $15\times\square=12\dfrac{6}{7}$ 에서 $\square=12\dfrac{6}{7}\div 15$

입니다.

$\square=12\dfrac{6}{7}\div 15=\dfrac{90}{7}\div 15=\dfrac{90}{7\times 15}=\dfrac{6}{7}$

5 $8\dfrac{5}{8}\div 6=1\dfrac{7}{16}$, $1\dfrac{7}{16}$ cm²

6 $4\dfrac{7}{12}\div 10=\dfrac{11}{24}$, $\dfrac{11}{24}$ m

206a~206b

1 4, 3, 20, $\dfrac{9}{20}$

2 14, 14, 3, 2, 27, 1, $\dfrac{2}{27}$

3 11, 3, 22, $\dfrac{33}{88}$, 3

4 40, 40, 12, $\dfrac{40}{780}$, 2

5 $\dfrac{15}{8}\div 20\times 3=\dfrac{15\times 3}{8\times 20}=\dfrac{9}{32}$

6 $\dfrac{14}{23}\div 5\div 7=\dfrac{14}{23\times 5\times 7}=\dfrac{2}{115}$

7 $\dfrac{5}{12}$

8 $1\dfrac{1}{3}$

9 $\dfrac{3}{8}$

10 $\dfrac{2}{39}$

207a~207b

1 $1\dfrac{1}{5}$

2 $\boxdot$

풀이 $\boxdot$ $\dfrac{14}{9}\div 2\div 5=\dfrac{14}{9\times 2\times 5}=\dfrac{7}{45}$

$\boxdot$ $4\dfrac{1}{2}\div 3\times 4=\dfrac{9}{2}\div 3\times 4=\dfrac{9\times 4}{2\times 3}=6$

$\boxdot$ $\dfrac{6}{7}\times 21\div 3=\dfrac{6\times 21}{7\times 3}=6$

3 $\boxdot$

풀이 $\boxdot$ $1\dfrac{5}{6}\times 12\div 11=\dfrac{11}{6}\times 12\div 11$

$=\dfrac{11\times 12}{6\times 11}=2$

$\boxdot$ $3\dfrac{7}{15}\div 4\div 9=\dfrac{52}{15}\div 4\div 9$

$=\dfrac{52}{15\times 4\times 9}$

$=\dfrac{13}{135}$

4 $\boxdot$

풀이 $\boxdot$ $2\dfrac{4}{9}\times 6\div 10=\dfrac{22}{9}\times 6\div 10$

$=\dfrac{22\times 6}{9\times 10}=\dfrac{22}{15}$

$$= 1\frac{7}{15} > 1$$

$$ⓐ\ 10\frac{2}{5} \div 4 \div 2 = \frac{52}{5} \div 4 \div 2$$

$$= \frac{52}{5 \times 4 \times 2}$$

$$= \frac{13}{10} = 1\frac{3}{10} > 1$$

$$ⓒ\ 3\frac{1}{8} \div 5 \times 6 = \frac{25}{8} \div 5 \times 6 = \frac{25 \times 6}{8 \times 5}$$

$$= \frac{15}{4} = 3\frac{3}{4} > 1$$

$$ⓓ\ 5\frac{1}{4} \div 3 \div 2 = \frac{21}{4} \div 3 \div 2$$

$$= \frac{21}{4 \times 3 \times 2} = \frac{7}{8} < 1$$

5 $15\frac{1}{2} \div 10 \times 18 = 27\frac{9}{10}$, $27\frac{9}{10}$ km

6 $1\frac{1}{5} \div 5 \div 2 = \frac{3}{25}$, $\frac{3}{25}$ kg

a ⓒ

풀이 ⓐ $1 \div 9 = \frac{1}{9}$ ⓒ $1 \div 13 = \frac{1}{13}$

ⓒ $1 \div 5 = \frac{1}{5}$

➡ ⓒ < ⓐ < ⓒ

b 형준, 주리

풀이 미라: $3\frac{4}{15} \div 7 = \frac{7}{15} < 1$

형준: $7\frac{1}{14} \div 6 = 1\frac{5}{28} > 1$

은정: $\frac{5}{8} \div 10 = \frac{1}{16} < 1$

준석: $\frac{20}{9} \div 15 = \frac{4}{27} < 1$

혁진: $1\frac{1}{7} \div 4 = \frac{2}{7} < 1$

주리: $\frac{16}{5} \div 2 = 1\frac{3}{5} > 1$

재훈: $\frac{11}{20} \div 4 = \frac{11}{80} < 1$

1 5개

풀이 ⓐ $1 \div 4 = \frac{1}{4}$

ⓒ $29 \div 5 = \frac{29}{5} = 5\frac{4}{5}$

$\frac{1}{4}$ 과 $5\frac{4}{5}$ 사이의 자연수는 1, 2, 3, 4, 5 로 모두 5개입니다.

2 $\frac{26}{33}$

풀이 $4 * 11 = (11 - 4) \div 11 = 7 \div 11$

$$= \frac{7}{11}$$

$$\frac{7}{11} * 3 = \left(3 - \frac{7}{11}\right) \div 3 = \left(\frac{33}{11} - \frac{7}{11}\right) \div 3$$

$$= \frac{26}{11} \div 3 = \frac{26}{11 \times 3} = \frac{26}{33}$$

3 2

풀이 $\frac{39}{4} \div 6 = \frac{39}{4 \times 6} = \frac{13}{8} = 1\frac{5}{8}$

$1\frac{5}{8} < \square$ 이므로 $\square$ 안에 들어갈 수 있는 가장 작은 자연수는 2입니다.

4 ⓐ $\frac{2}{3} \div 4 = \frac{2}{3 \times 4} = \frac{1}{6}$

ⓒ $1\frac{1}{2} \times 4 = \frac{3}{2} \times 4 = 6$

➡ $\frac{1}{6} \div 6 = \frac{1}{6 \times 6} = \frac{1}{36}$

따라서 ㉠은 ㉡의 $\dfrac{1}{36}$ 배입니다.

[답] $\dfrac{1}{36}$ 배

평가 기준	
상	㉠, ㉡과 ㉠은 ㉡의 몇 배인지 바르게 구한 경우
중	㉠, ㉡을 구하였으나 ㉠은 ㉡의 몇 배인지 구하지 못한 경우
하	풀이 과정과 답을 구하지 못한 경우

5 $\dfrac{3}{44}$ m

풀이 (정삼각형의 한 변)

$$= \dfrac{9}{11} \div 4 \div 3$$

$$= \dfrac{9}{11 \times 4 \times 3} = \dfrac{3}{44} \text{(m)}$$

6 $\dfrac{11}{40}$

풀이 어떤 수를 $\square$ 라고 하면

$\square \times 4 = 4\dfrac{2}{5}$,

$$\square = 4\dfrac{2}{5} \div 4 = \dfrac{22}{5} \div 4 = \dfrac{22}{5 \times 4} = \dfrac{11}{10}$$

➡ (바른 계산) $= \dfrac{11}{10} \div 4 = \dfrac{11}{10 \times 4} = \dfrac{11}{40}$

7 $32\dfrac{1}{9}$ cm²

풀이 (정사각형의 한 변)
$=$ (정사각형의 둘레) $\div$ (변의 수)

$$= 22\dfrac{2}{3} \div 4 = \dfrac{68}{3} \div 4 = \dfrac{68}{3 \times 4} = \dfrac{17}{3} \text{(cm)}$$

(정사각형의 넓이) $= \dfrac{17}{3} \times \dfrac{17}{3}$

$$= \dfrac{289}{9} = 32\dfrac{1}{9} \text{(cm}^2\text{)}$$

8 2, 3, 4

풀이 $\dfrac{4}{5} \times 13 \div 8 = \dfrac{4 \times 13}{5 \times 8} = \dfrac{13}{10} = 1\dfrac{3}{10}$

$$2\dfrac{5}{8} \div 3 \times 5 = \dfrac{21}{8} \div 3 \times 5 = \dfrac{21 \times 5}{8 \times 3}$$

$$= \dfrac{35}{8} = 4\dfrac{3}{8}$$

$1\dfrac{3}{10} < \square < 4\dfrac{3}{8}$ 이므로 $\square$ 안에 들어갈 수 있는 자연수는 2, 3, 4입니다.

9 4, 9 / $7\dfrac{5}{7}$

풀이 계산 결과가 가장 크게 되려면 가장 작은 수로 나누고 가장 큰 수를 곱해야 하므로 $3\dfrac{3}{7} \div 4 \times 9$입니다.

$$3\dfrac{3}{7} \div 4 \times 9 = \dfrac{24}{7} \div 4 \times 9 = \dfrac{24 \times 9}{7 \times 4}$$

$$= \dfrac{54}{7} = 7\dfrac{5}{7}$$

10 $13\dfrac{1}{8}$ cm²

풀이 (삼각형 ㄴㅁㄹ의 넓이)
$=$ (직사각형 ㄱㄴㄷㄹ의 넓이) $\div 4$

$$= 8\dfrac{3}{4} \times 6 \div 4 = \dfrac{35}{4} \times 6 \div 4 = \dfrac{35 \times 6}{4 \times 4}$$

$$= \dfrac{105}{8} = 13\dfrac{1}{8} \text{(cm}^2\text{)}$$

11 (가의 넓이) $= 3\dfrac{1}{5} \times 5 \div 2$

$$= \dfrac{16}{5} \times 5 \div 2 = \dfrac{16 \times 5}{5 \times 2}$$

$$= 8 \text{(cm}^2\text{)}$$

(나의 넓이) $= \dfrac{31}{7} \times 4 \div 2 = \dfrac{31 \times 4}{7 \times 2}$

$$= \dfrac{62}{7} = 8\dfrac{6}{7} \text{(cm}^2\text{)}$$

따라서 $8 < 8\dfrac{6}{7}$ 이므로 넓이가 더 넓은 마름모는 나입니다.
[답] 나

평가 기준

상	가, 나의 넓이와 더 넓은 마름모를 바르게 구한 경우
중	가, 나의 넓이를 구하였으나 더 넓은 마름모를 구하지 못한 경우
하	풀이 과정과 답을 구하지 못한 경우

12 $1\dfrac{9}{40}$ kg

풀이 $0.45\text{kg}=\dfrac{9}{20}\text{kg}$입니다.

(멜론 상자 1개의 무게)
= (멜론 상자 7개의 무게) ÷ 7
$= 54\dfrac{3}{5} \div 7 = \dfrac{273}{5} \div 7$

$= \dfrac{\overset{39}{\cancel{273}}}{5 \times \underset{1}{\cancel{7}}} = \dfrac{39}{5} = 7\dfrac{4}{5}\ (\text{kg})$

(멜론 1개의 무게)
= {(멜론 상자 1개의 무게)
　－ (빈 상자의 무게)} ÷ 6
$= (7\dfrac{4}{5} - \dfrac{9}{20}) \div 6 = 7\dfrac{7}{20} \div 6$

$= \dfrac{147}{20} \div 6 = \dfrac{\overset{49}{\cancel{147}}}{20 \times \underset{2}{\cancel{6}}} = \dfrac{49}{40} = 1\dfrac{9}{40}\ (\text{kg})$

211a~211b

1 가, 다

2 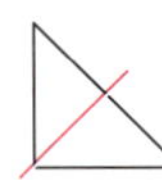　　**3** 

4 1개

풀이 

5 5개

풀이 

6

다

풀이 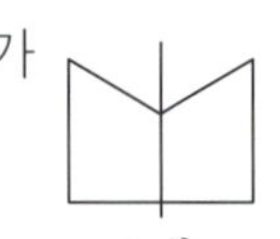 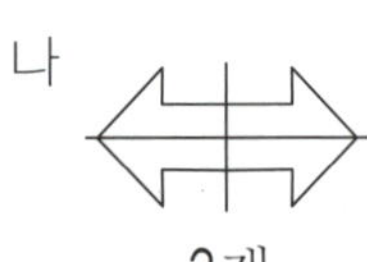

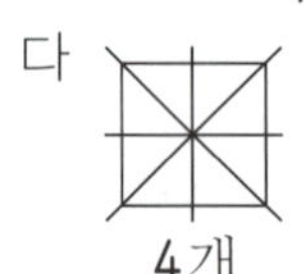 

7 나, 2개

212a~212b

1 (1) ㅂ　(2) ㅅㅂ　(3) ㅅㅂㅁ

2 (1) ㅅㅂ　(2) ㅅㅂㅁ　(3) ㅅㅈ

3 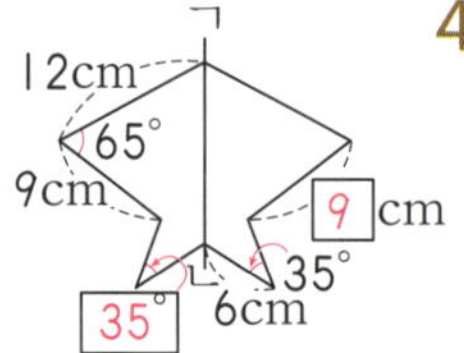　　**4** 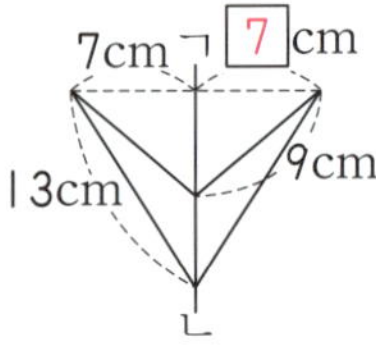

5 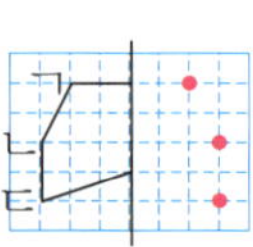　　**6** 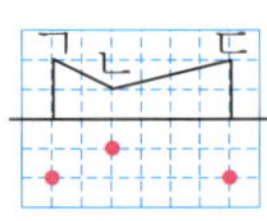

7 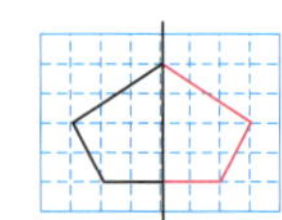　　**8** 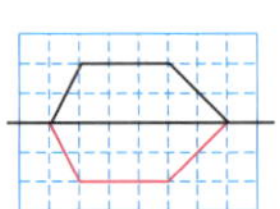

213a~213b

1 54cm

풀이 선대칭도형에서 대응변의 길이는 같습니다.
(변 ㄱㄴ) = (변 ㄱㅇ) = 13cm
(변 ㄴㄷ) = (변 ㅇㅅ) = 6cm
(변 ㄷㄹ) = (변 ㅅㅂ) = 3cm
(변 ㄹㅁ) = (변 ㅂㅁ) = 5cm
➡ (도형의 둘레) = (13＋6＋3＋5) × 2
　　　　　　　 = 54 (cm)

2　125°

　풀이　선대칭도형에서 대응각의 크기는 같
으므로 (각 ㄴㄷㄹ)＝(각 ㅂㅁㄹ)＝105°
입니다. (각 ㄱㅂㅁ)＝(각 ㄱㄴㄷ)이므로
사각형 ㄱㄴㄷㄹ에서
(각 ㄱㄴㄷ)＝360°－105°－40°－90°
　　　　　＝125°

3　17cm　　　　**4**　~~CODE~~

5　480cm²

　풀이　완성한 도형은 사다리꼴입니다.

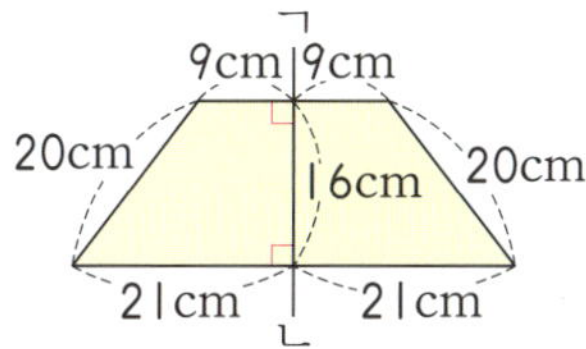

➡ (사다리꼴의 넓이)
　＝{(9＋9＋21＋21)×16}÷2
　＝480(cm²)

6　10cm

　풀이　완성한 도형은 선대칭도형이므로 완
성한 도형의 넓이는 삼각형 ㄱㄷㄹ의 넓이
의 2배입니다.
12×(선분 ㄱㄴ)÷2×2＝120,
12×(선분 ㄱㄴ)÷2＝60,
12×(선분 ㄱㄴ)＝120,
(선분 ㄱㄴ)＝10cm

1　나　　　　　**2**　(　)(　)(○)

3　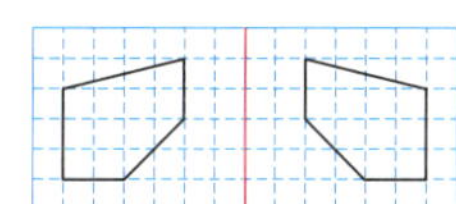

4　다

　풀이　가　　　　나

　라

5　**예** • 대칭축이 선대칭도형은 여러 개 있을
　수 있고 선대칭의 위치에 있는 도형은 1
　개입니다.

　• 대칭축이 선대칭도형은 도형 안에 있고
　선대칭의 위치에 있는 도형은 두 도형
　사이에 있습니다.

　• 선대칭도형은 1개의 도형이고 선대칭의
　위치에 있는 도형은 2개의 도형입니다.

1　(1) ㄹ　(2) ㅂㅁ　(3) ㄹㅂㅁ

2　(1) ㅅㅂ　(2) ㅁㅇㅅ　(3) ㅇㅊ

3　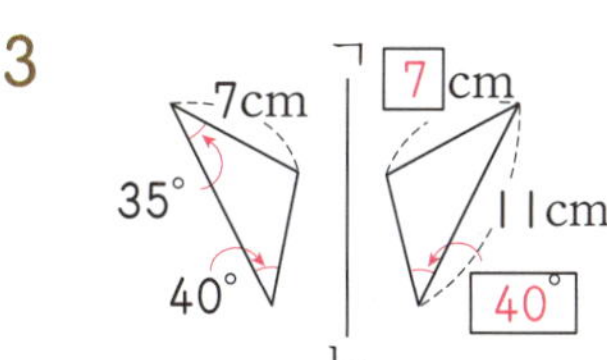

4　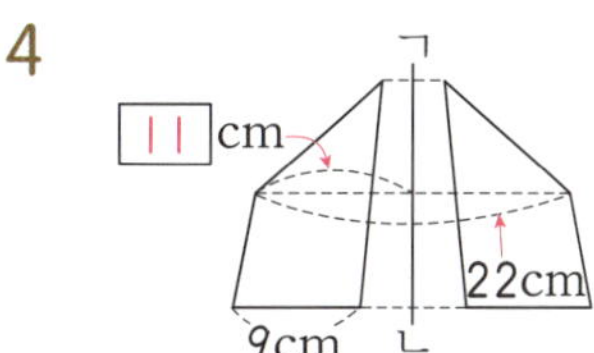

5　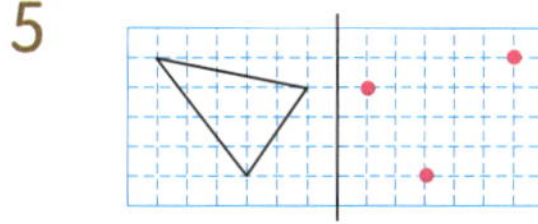

6　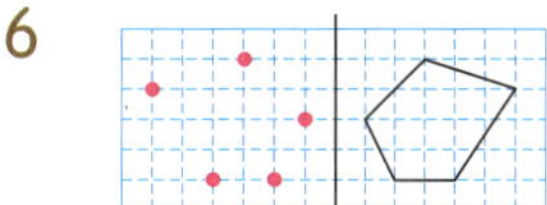

7　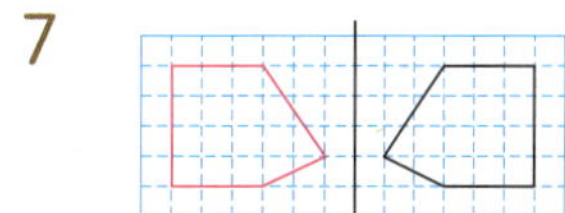

8　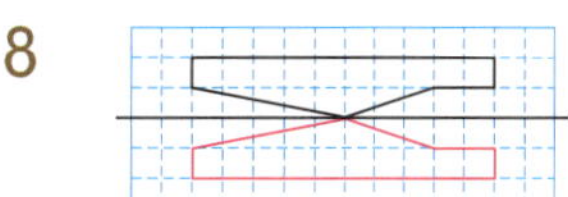

1　37cm　　　　**2**　55°

3 12cm

풀이 (변 ㄴㄹ)=15−7=8(cm)
평행사변형 ㄱㄴㄹㅁ의 넓이가 96cm²이
므로 (변 ㄴㄹ)×(선분 ㄱㄷ)=96,
8×(선분 ㄱㄷ)=96,
(선분 ㄱㄷ)=96÷8=12(cm)

4 70°

풀이 일직선은 180°이므로
(각 ㅅㄱㄷ)=180°−70=110° 입니다.
선대칭의 위치에 있는 도형에서 대응점을
이은 선분은 대칭축과 수직으로 만나므로
(각 ㄱㅅㅇ)=(각 ㄷㅇㅅ)=90° 입니다.
➡ (각 ㄱㄷㅇ)
　=360°−110°−90°−90°=70°

5
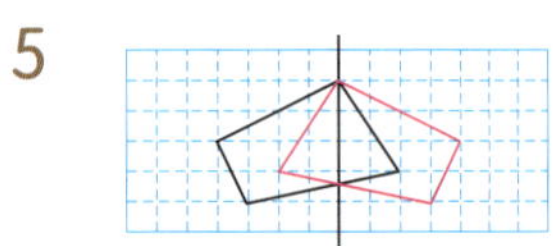

6 851

217a~217b

1 나, 라　　　　**2** ㉢

3 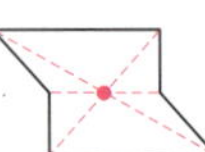　　　**4** 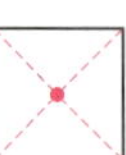

5 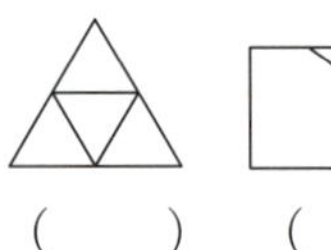　　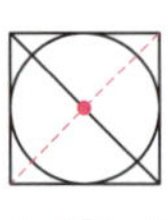
　　(　　)　　(　　)　　(○)

6 2개

풀이 한 점을 중심으로 180° 돌렸을 때
처음 도형과 완전히 겹치는 자음은 ㄹ, ㅍ
으로 모두 2개입니다.

218a~218b

1 (1) ㅅ (2) ㅅㅇ (3) ㅂㅅㅇ

2 (1) ㅁㄹ (2) ㅁㄹㄷ (3) ㅅㅈ

---

3 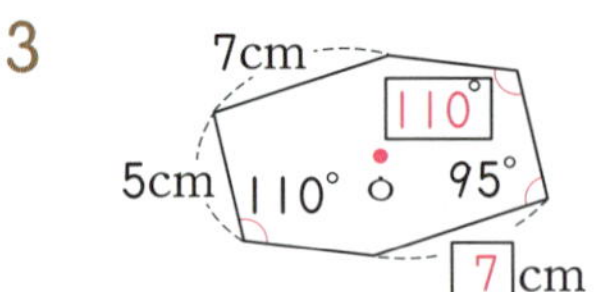

4 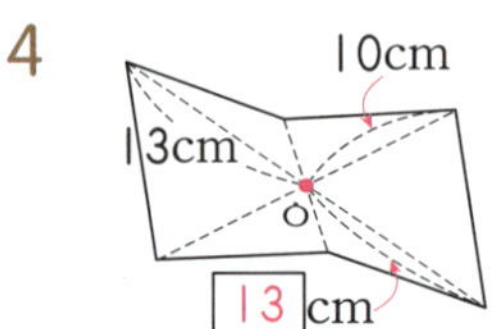

5 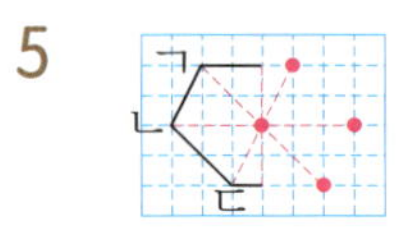　　**6** 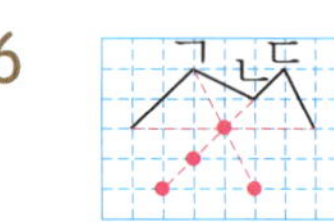

7 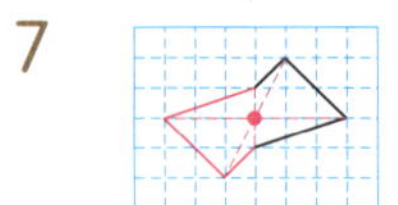　　**8** 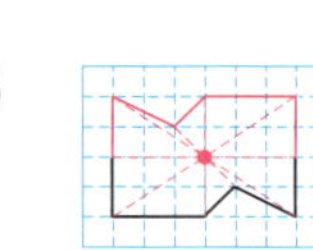

219a~219b

1 62cm

풀이 점대칭도형에서 대응변의 길이는 같
습니다.
(변 ㄱㄴ)=(변 ㄹㅁ)=14cm
(변 ㄴㄷ)=(변 ㅁㅂ)=7cm
(변 ㄷㄹ)=(변 ㅂㄱ)=10cm
➡ (도형의 둘레)=(14+7+10)×2
　　　　　　　　=62(cm)

2 160°

풀이 점대칭도형에서 대응각의 크기는 같
으므로 (각 ㄱㅂㅁ)=(각 ㄹㄷㄴ)입니다.
사각형 ㄱㄴㄷㄹ에서 (각 ㄹㄷㄴ)
=360°−85°−50°−65°=160° 입니
다.

3 12cm

풀이 점대칭도형에서 대응점을 이은 선분
은 대칭의 중심에 의해 길이가 같게 나누
어지므로 (선분 ㄱㅇ)=(선분 ㄷㅇ),
(선분 ㄴㅇ)=(선분 ㄹㅇ)입니다.
(선분 ㄱㅇ)=(선분 ㄷㅇ)=7cm이므로
(선분 ㄴㅇ)=(38−7−7)÷2=12(cm)
입니다.

4 60cm

5 N

(풀이)

6 14cm

(풀이) 완성된 정다각형은 정사각형입니다.
정사각형은 네 변의 길이가 같으므로 한
변은 $56 \div 4 = 14$(cm)입니다.

220a~220b

1 대칭의 중심

2 (   ) (○)

3 1개

4
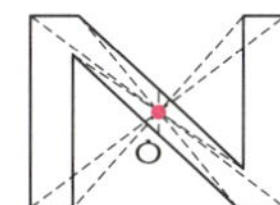

5 (예)
- 대칭의 중심이 점대칭도형은 도형 안
에 있고 점대칭의 위치에 있는 도형은
두 도형 사이에 있습니다.
- 점대칭도형은 1개의 도형이고 점대칭의
위치에 있는 도형은 2개의 도형입니다.

221a~221b

1 (1) ㄹ (2) ㄹㅁ (3) ㄹㅁㅂ

2 (1) ㅂㅅ (2) ㅁㅇㅅ (3) ㅂㅅ

3
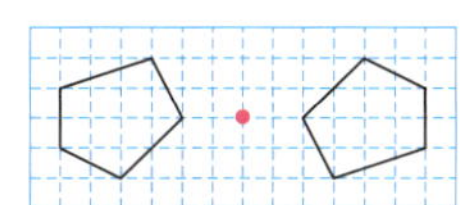

4
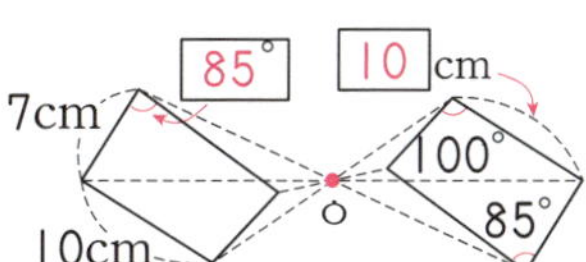

5
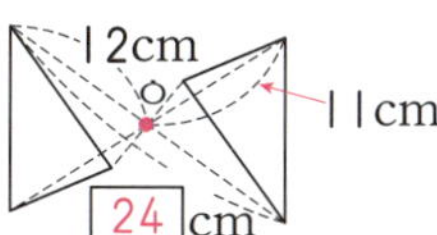

222a~222b

1 33cm

(풀이) 점대칭의 위치에 있는 도형에서 대
응변의 길이는 같으므로 (변 ㄴㄷ)=(변 ㅁ
ㅂ)=13cm, (변 ㄱㄷ)=(변 ㄹㅂ)=11cm
입니다.
→ (삼각형 ㄱㄴㄷ의 둘레)$= 9+13+11$
$= 33$(cm)

2 96cm²

(풀이) 점대칭의 위치에 있는 도형에서 대
응변의 길이는 같으므로 (변 ㄱㄴ)=(변 ㄹ
ㅁ)=12cm입니다. 삼각형 ㄱㄴㄷ의 넓이
는 $12 \times 8 \div 2 = 48$(cm²)이고 삼각형 ㄱ
ㄴㄷ과 삼각형 ㄹㅁㅂ은 서로 합동이므로
두 삼각형의 넓이는 같습니다. 따라서 두
삼각형의 넓이의 합은 96cm²입니다.

3 70°

(풀이) 점대칭의 위치에 있는 도형에서 대
응각의 크기는 같으므로
(각 ㄴㄱㄹ)=(각 ㅂㅁㅇ)=105°,
(각 ㄴㄷㄹ)=(각 ㅂㅅㅇ)=60°입니다.
→ (각 ㄱㄹㄷ)
$= 360° - 105° - 125° - 60° = 70°$

4 11cm

(풀이) 점대칭의 위치에 있는 도형에서 대
응점을 이은 선분은 대칭의 중심에 의해
길이가 같게 나누어지므로
(선분 ㄴㅅ)=(선분 ㅁㅅ)=15cm,
(선분 ㄷㅅ)=(선분 ㅂㅅ)=4cm입니다.
→ (변 ㄴㄷ)$= 15 - 4 = 11$(cm)

5   3l cm

6   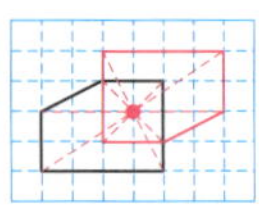

223a~223b   창의력 학습

a   예

b   **HAT**(모자)

풀이   ★: 선대칭도형도 되고 점대칭도형도 되는 알파벳 ➡ **H**
♣: 선대칭도형인 알파벳 ➡ **A**
♥: 선대칭도형인 알파벳 ➡ **T**

224a~225b   경시대회 예상문제

1   ㉢, ㉠, ㉡

풀이   ㉠ 정사각형: 4개
㉡ 정오각형: 5개
㉢ 정삼각형: 3개

2   15cm²

풀이   선대칭도형이 되도록 완성하면 오른쪽과 같습니다. 모눈종이 한 칸이 1cm² 이므로 완성한 도형은 15cm²입니다.

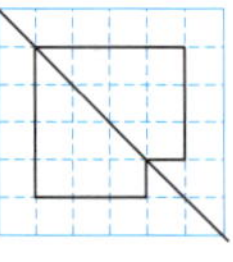

3   8cm

풀이   삼각형 ㄱㄴㄷ의 넓이가 120cm²이 므로 (변 ㄴㄷ)×15÷2=120, (변 ㄴㄷ)×15=240, (변 ㄴㄷ)=16(cm) 입니다. 선대칭도형에서 대응변의 길이는 같으므로 (선분 ㄴㄹ)=(선분 ㄷㄹ)=8cm 입니다.

---

4   25cm

풀이   (선분 ㄹㅅ)=(선분 ㄷㅅ)=9cm이 므로 (변 ㄹㅂ)=29−9=20(cm)입니다. 삼각형 ㄹㅁㅂ의 둘레가 73cm이므로 (변 ㅂㅁ)=73−20−28=25(cm)입니다. 선대칭도형에서 대응변의 길이는 같으므로 (변 ㄱㄴ)=(변 ㅂㅁ)=25cm입니다.

5   선대칭의 위치에 있는 도형을 그리면 다음 과 같습니다.

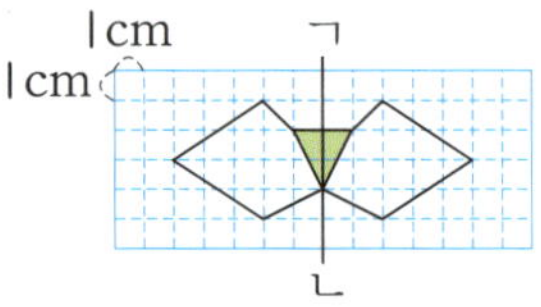

두 도형이 겹쳐진 부분은 밑변이 2cm, 높이가 2cm인 삼각형이므로 겹쳐진 부분의 넓이는 2×2÷2=2(cm²)입니다.
[답] 2cm²

평가 기준	
상	선대칭의 위치에 있는 도형을 그리고 겹쳐진 부분의 넓이를 바르게 구한 경우
중	선대칭의 위치에 있는 도형을 그렸으나 겹쳐진 부분의 넓이를 구하지 못한 경우
하	풀이 과정과 답을 구하지 못한 경우

6   가, 라

풀이   선대칭도형: 가, 나, 다, 라
점대칭도형: 가, 라

7

8   24cm

풀이   사각형 ㄱㄴㄷㄹ은 대응각의 크기가 각각 90°로 같으므로 직사각형입니다. 직사각형의 두 대각선의 길이는 같고, 한 대각선이 다른 대각선을 반으로 나누므로 (선분 ㄱㄷ)=(선분 ㄴㄹ)=12cm입니다.
➡ (선분 ㄱㄷ)+(선분 ㄴㄹ)=12+12
        =24(cm)

9   예 **8888, 8008**

풀이   점대칭이 되는 수는 **1001, 1111, 1881, 8008, 8118, 8888**입니다.

10   165°

풀이 오른쪽 그림과 같이 선분 ㄴㅁ을 긋습니다.

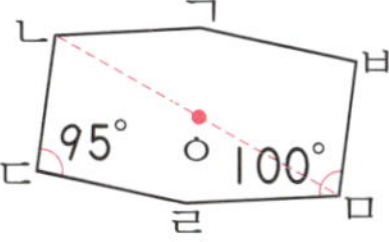

(각 ㄷㄴㅇ)
=(각 ㅂㅁㅇ)이므로
(각 ㄷㄴㅇ)+(각 ㄹㅁㅇ)=100°입니다.
➡ (각 ㄷㄹㅁ)=360°−95°−100°
=165°

11 168cm²

풀이 평행사변형의 높이를 □cm라고 하면 평행사변형 ㄱㄴㄷㅈ의 넓이가 210cm²이므로 15×□=210, □=14(cm)입니다.
(변 ㄱㄹ)=15−6=9(cm)
➡ (사다리꼴 ㄱㄴㄷㄹ의 넓이)
=(9+15)×14÷2=168(cm²)

12 점대칭의 위치에 있는 도형을 그리면 다음과 같습니다.

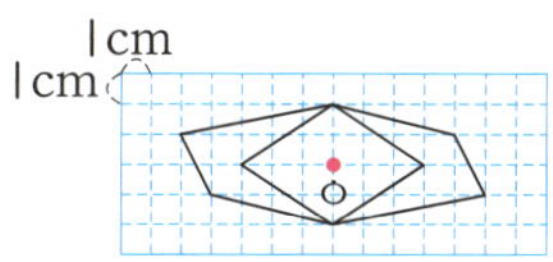

두 도형에 둘러싸여 생기는 마름모의 넓이는 6×4÷2=12(cm²)입니다.
[답] 12cm²

평가 기준	
상	점대칭의 위치에 있는 도형을 그리고 두 도형에 둘러싸여 생기는 마름모의 넓이를 바르게 구한 경우
중	점대칭의 위치에 있는 도형을 그렸으나 두 도형에 둘러싸여 생기는 마름모의 넓이를 구하지 못한 경우
하	풀이 과정과 답을 구하지 못한 경우

226a~229b

1 (1) − ㄹ (2) − ㄱ   **2** 0.23L

3 $\dfrac{443}{1000}$ **4** 6.67

5 ㄱ, ㄹ

풀이 $\dfrac{3}{4}=\dfrac{3\times25}{4\times25}=\dfrac{75}{100}=0.75$

6 ㄷ

풀이 ㄱ $1\dfrac{3}{8}=1\dfrac{375}{1000}=1.375$

ㄴ $\dfrac{6}{25}=\dfrac{24}{100}=0.24$

ㄷ $\dfrac{43}{75}$ 은 분모가 10, 100, 1000, ……인 분수로 나타낼 수 없으므로 간단한 소수로 나타낼 수 없습니다.

ㄹ $3\dfrac{17}{500}=3\dfrac{34}{1000}=3.034$

7 ㄴ

8 ㄷ

9 1.234

풀이 $1\dfrac{23}{100}=1.23$, $1\dfrac{6}{25}=1.24$이므로 $1\dfrac{23}{100}$과 $1\dfrac{6}{25}$ 사이는 0.01입니다. 0.01을 10등분하였으므로 눈금 한 칸의 크기는 0.001입니다.
➡ □=1.234

10 0.75

11 9.75

풀이 가장 큰 대분수를 만들려면 자연수 부분에 가장 큰 수를 놓아야 합니다. 9>4>3이므로 숫자 카드를 한 번씩 사용하여 만들 수 있는 가장 큰 대분수는 $9\dfrac{3}{4}$입니다.
➡ $9\dfrac{3}{4}=9\dfrac{75}{100}=9.75$

12 15.456km

13 1.26kg

풀이 (사용하고 남은 찰흙)
$=2-\dfrac{37}{50}=1\dfrac{13}{50}=1\dfrac{26}{100}=1.26(kg)$

14 ㄴ

풀이 $2.75=2\dfrac{75}{100}=2\dfrac{15}{20}=2\dfrac{3}{4}$ 이므로 2.75를 분수로 나타낼 때, 분모가 될 수 없는 수는 ㄴ입니다.

15 51

16 ㄹ, ㄷ, ㄱ, ㄴ

풀이 ㄱ $1.4 = 1\frac{4}{10} = 1\frac{2}{5}$

ㄴ $2.25 = 2\frac{25}{100} = 2\frac{1}{4}$

ㄷ $0.78 = \frac{78}{100} = \frac{39}{50}$

ㄹ $0.842 = \frac{842}{1000} = \frac{421}{500}$

17 $\frac{634}{1000}$, $\frac{635}{1000}$, $\frac{636}{1000}$

18 $\frac{12}{20}$

풀이 $0.6 = \frac{6}{10} = \frac{3}{5}$

$\frac{3}{5}$ 과 크기가 같은 분수 중에서 분모와 분자의 합이 32인 분수를 찾습니다.

$\frac{3}{5} = \frac{6}{10} = \frac{9}{15} = \frac{12}{20} = \frac{15}{25} = \cdots\cdots$에서 분모와 분자의 합이 32인 분수는 $\frac{12}{20}$ 입니다.

19 $10\frac{23}{50}$

풀이 가장 작은 소수 두 자리 수를 만들려면 높은 자리부터 작은 숫자를 놓아야 합니다. 0은 맨 앞에 올 수 없으므로 숫자 카드 4장을 모두 한 번씩만 사용하여 만들 수 있는 가장 작은 소수 두 자리 수는 10.46입니다.

➡ $10.46 = 10\frac{46}{100} = 10\frac{23}{50}$

20 $4\frac{4}{5}$kg

21 $1\frac{12}{25}$L

풀이 (어제 마신 주스) $= 3 \times \frac{1}{3} = 1$(L)

(오늘 마시고 남은 주스) $= 3 - 1 - 0.52$

$= 1.48 = 1\frac{48}{100}$

$= 1\frac{12}{25}$(L)

22 (위에서부터) $\frac{69}{125}$ / 0.53, $\frac{69}{125}$

23 0.86, 0.87

풀이 $\frac{22}{25} = \frac{88}{100} = 0.88$이므로 0.85보다 크고 $\frac{22}{25}(=0.88)$보다 작은 소수 두 자리 수는 0.86, 0.87입니다.

24 ㄹ, ㄱ, ㄷ, ㄴ

풀이 ㄱ $7\frac{1}{5} = 7\frac{2}{10} = 7.2$

ㄷ $7\frac{1}{8} = 7\frac{125}{1000} = 7.125$

25 8, 9

풀이 $9\frac{3}{4} = 9\frac{75}{100} = 9.75$

$9.75 < 9.\square 4$에서 $\square$ 안에 들어갈 수 있는 숫자는 7보다 커야 하므로 8, 9입니다.

26 빨간색 테이프

27 은행

풀이 $16\frac{7}{8} = 16\frac{875}{1000} = 16.875$

따라서 $16.875 > 16.091$이므로 우체국에서 더 가까운 곳은 은행입니다.

230a~233b

1 $<$

2 ㄹ, ㄱ, ㄷ, ㄴ

3 (위에서부터) $\frac{1}{2}$, $\frac{8}{11}$ / $\frac{1}{8}$, $\frac{2}{11}$

4 $\frac{74}{75}$

풀이 ㄱ $7 \div 15 = 7 \times \frac{1}{15} = \frac{7}{15}$

ㄴ $13 \div 25 = 13 \times \frac{1}{25} = \frac{13}{25}$

➡ ㉠＋㉡＝$\dfrac{7}{15}+\dfrac{13}{25}=\dfrac{35}{75}+\dfrac{39}{75}=\dfrac{74}{75}$

5 ㉣

6 $7\div12=\dfrac{7}{12}$, $\dfrac{7}{12}$ m

7 $\dfrac{3}{40}$

8 $>$

풀이 $\dfrac{5}{9}\div15=\dfrac{5}{9\times15}=\dfrac{1}{27}$

$\dfrac{7}{15}\div14=\dfrac{7}{15\times14}=\dfrac{1}{30}$

➡ $\dfrac{5}{9}\div15\;>\;\dfrac{7}{15}\div14$

9 ㉡

풀이 ㉠ $\dfrac{3}{4}\div2=\dfrac{3}{4\times2}=\dfrac{3}{8}$

㉡ $\dfrac{3}{25}\div5=\dfrac{3}{25\times5}=\dfrac{3}{125}$

10 ㉠

풀이 ㉠ $\dfrac{5}{6}\div8=\dfrac{5}{6\times8}=\dfrac{5}{48}$

㉡ $\dfrac{4}{9}\div12=\dfrac{4}{9\times12}=\dfrac{1}{27}=\dfrac{5}{135}$

㉢ $\dfrac{3}{22}\div9=\dfrac{3}{22\times9}=\dfrac{1}{66}=\dfrac{5}{330}$

분자가 같은 분수의 크기는 분모가 작을수록 큰 수이므로 $\dfrac{5}{48}>\dfrac{5}{135}>\dfrac{5}{330}$ 입니다. 따라서 나눗셈의 몫이 가장 큰 것은 ㉠입니다.

11 $\dfrac{14}{17}\div2=\dfrac{7}{17}$, $\dfrac{7}{17}$ L

12 $\dfrac{13}{24}$

13 $\dfrac{6}{7}$

풀이 어떤 수를 $\square$라고 하면 $\square\times4=\dfrac{24}{7}$ 입니다.

$\square=\dfrac{24}{7}\div4=\dfrac{24}{7\times4}=\dfrac{6}{7}$

14 ㉡

풀이 ㉠ $\dfrac{16}{3}\div2=\dfrac{16}{3\times2}=\dfrac{8}{3}=2\dfrac{2}{3}>1$

㉡ $\dfrac{9}{5}\div3=\dfrac{9}{5\times3}=\dfrac{3}{5}<1$

㉢ $\dfrac{48}{11}\div4=\dfrac{48}{11\times4}=\dfrac{12}{11}=1\dfrac{1}{11}>1$

㉣ $\dfrac{37}{6}\div5=\dfrac{37}{6\times5}=\dfrac{37}{30}=1\dfrac{7}{30}>1$

15 $1\dfrac{1}{45}$ cm

풀이 평행사변형의 높이를 $\square$cm라고 하면 $6\times\square=\dfrac{92}{15}$ 에서 $\square=\dfrac{92}{15}\div6$입니다.

$\square=\dfrac{92}{15}\div6=\dfrac{92}{15\times6}=\dfrac{46}{45}=1\dfrac{1}{45}$

따라서 평행사변형의 높이는 $1\dfrac{1}{45}$cm입니다.

16 $\dfrac{5}{6}$ **17** 2, 1, 3

18 $\dfrac{7}{23}$

풀이 $12\times\square=3\dfrac{15}{23}$ 에서

$\square=3\dfrac{15}{23}\div12$입니다.

$\square=3\dfrac{15}{23}\div12=\dfrac{84}{23}\div12=\dfrac{84}{23\times12}$

$=\dfrac{7}{23}$

19 $7\dfrac{7}{15}\div7=1\dfrac{1}{15}$, $1\dfrac{1}{15}$ 시간

20 ㉠

[풀이] ㉠ $\dfrac{8}{15} \div 2 \times 6 = \dfrac{8 \times 6}{15 \times 2} = \dfrac{8}{5} = 1\dfrac{3}{5}$

㉡ $2\dfrac{1}{12} \times 4 \div 20 = \dfrac{25}{12} \times 4 \div 20$

$= \dfrac{25 \times 4}{12 \times 20} = \dfrac{5}{12}$

21 $2\dfrac{13}{36}$

[풀이] ㉠ $3\dfrac{5}{9} \div 8 \times 5 = \dfrac{32}{9} \div 8 \times 5$

$= \dfrac{32 \times 5}{9 \times 8}$

$= \dfrac{20}{9} = 2\dfrac{2}{9}$

㉡ $2\dfrac{11}{12} \div 7 \div 3 = \dfrac{35}{12} \div 7 \div 3$

$= \dfrac{35}{12 \times 7 \times 3} = \dfrac{5}{36}$

➡ ㉠+㉡ $= 2\dfrac{2}{9} + \dfrac{5}{36} = 2\dfrac{8}{36} + \dfrac{5}{36}$

$= 2\dfrac{13}{36}$

22 ㉡

[풀이] ㉠ $\dfrac{27}{5} \div 3 \div 2 = \dfrac{27}{5 \times 3 \times 2} = \dfrac{9}{10}$

㉡ $\dfrac{13}{20} \times 10 \div 5 = \dfrac{13 \times 10}{20 \times 5} = \dfrac{13}{10} = 1\dfrac{3}{10}$

㉢ $1\dfrac{1}{8} \div 5 \times 4 = \dfrac{9}{8} \div 5 \times 4 = \dfrac{9 \times 4}{8 \times 5}$

$= \dfrac{9}{10}$

23 $4\dfrac{6}{7} \times 5 \div 2 = 12\dfrac{1}{7}$, $12\dfrac{1}{7}$ cm²

24 $10\dfrac{4}{5} \div 6 \times 4 = 7\dfrac{1}{5}$, $7\dfrac{1}{5}$ cm²

25 $\dfrac{8}{9} \div 4 \div 4 = \dfrac{1}{18}$, $\dfrac{1}{18}$ m

234a~237b

1 4개

2 라

[풀이]
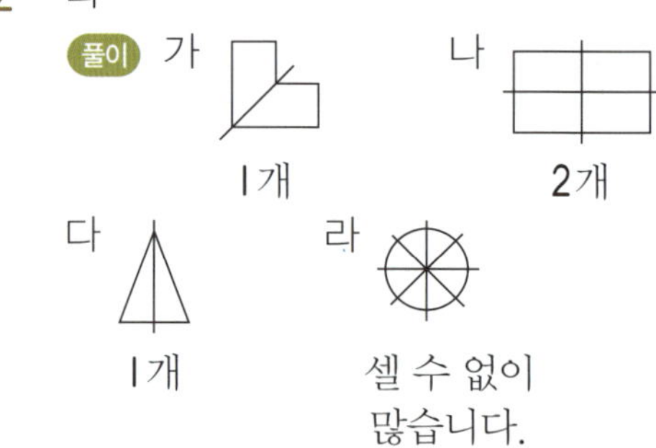

3 44cm

4 40°

[풀이] 선대칭도형에서 대응각의 크기는 같으므로 (각 ㄱㄹㄷ)=(각 ㄱㄴㄷ)=35° 입니다. 삼각형 ㄱㄷㄹ에서 (각 ㄷㄱㄹ)=180°−105°−35°=40°입니다.

5 32cm

[풀이] 선대칭도형에서 각각의 대응점에서 대칭축까지의 거리는 같으므로 (선분 ㅅㄷ)=8cm, (선분 ㅂㄹ)=14cm 입니다. 따라서 대칭축과 수직으로 만나는 모든 선분의 길이의 합은 10+8+14=32(cm)입니다.

6 ~~BIKE~~

7 70cm²

[풀이] 완성한 도형은 직사각형입니다.

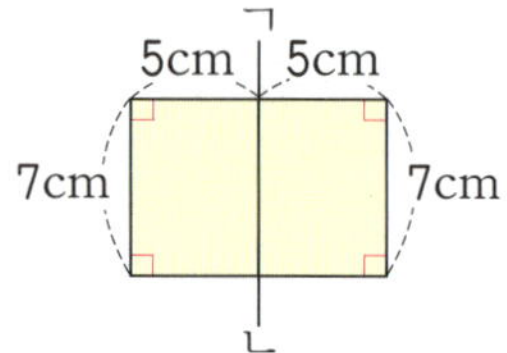

➡ (직사각형의 넓이)=10×7=70(cm²)

8 다

풀이

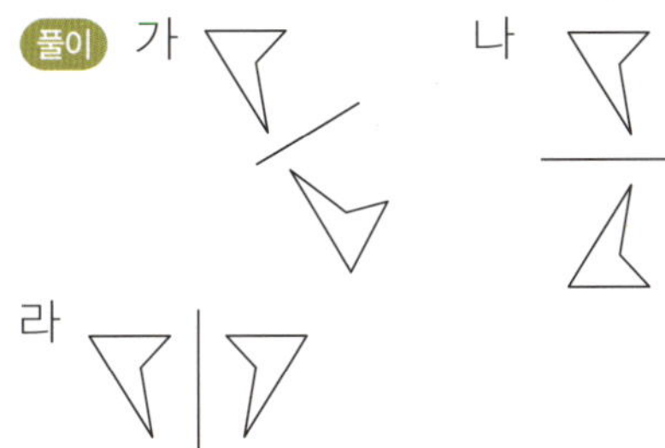

9 22cm

풀이 선대칭의 위치에 있는 도형은 대응변의 길이가 같으므로
(변 ㄴㄷ)=(변 ㅅㅂ)=22cm,
(변 ㄷㄹ)=(변 ㅂㅁ)=9cm입니다.
➡ (변 ㄱㄹ)=73−20−22−9
　　　　　　=22(cm)

10 115°

풀이 선대칭의 위치에 있는 도형은 대응각의 크기가 같으므로
(각 ㄹㅂㅁ)=(각 ㄱㄴㄷ)=65°입니다.
➡ (각 ㄹㅁㅂ)+(각 ㅂㄹㅁ)=180°−65°
　　　　　　　　　　　=115°

11 135cm²

풀이 (변 ㄴㄷ)=25−7=18(cm)
(변 ㄱㄷ)=(변 ㄹㅁ)=15cm
➡ (삼각형 ㄱㄴㄷ의 넓이)=18×15÷2
　　　　　　　　　　=135(cm²)

12

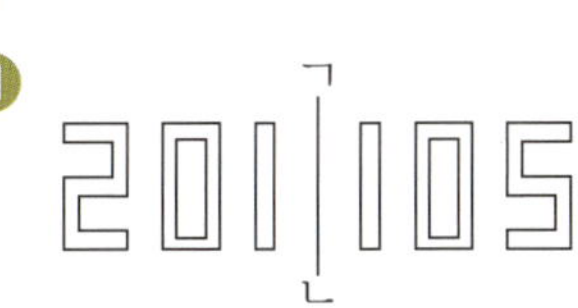

13 201

풀이

201|105

14

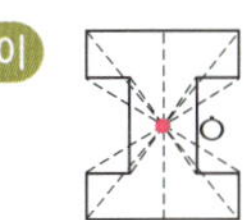

(　)　　(○)　　(　)

15 3개

풀이 한 점을 중심으로 180° 돌렸을 때 처음 도형과 완전히 겹치는 알파벳은 **H**,

S, **Z**로 모두 3개입니다.

16 80cm

풀이 점대칭도형에서 대응변의 길이는 같습니다.

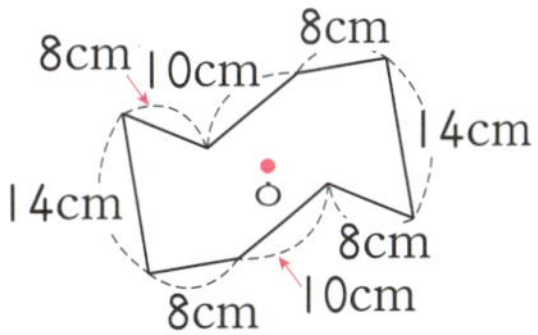

➡ (도형의 둘레)=(10+8+14+8)×2
　　　　　　　=80(cm)

17 135°

풀이 삼각형 ㄱㄴㄷ에서
(각 ㄷㄴㄱ)=180°−25°−20°=135°입니다. 점대칭도형에서 대응각의 크기는 같으므로 (각 ㄱㄹㄷ)=(각 ㄷㄴㄱ)=135°입니다.

18 I

풀이

19 8cm

풀이 완성된 정다각형은 정육각형입니다.
➡ (선분 ㄴㄷ)=48÷6=8(cm)

20 **19와 61**

21 7cm

풀이 점대칭의 위치에 있는 도형에서 대응변의 길이는 같으므로
(변 ㄷㄹ)=(변 ㅅㅇ)=6cm입니다. 사각형 ㄱㄴㄷㄹ의 넓이가 35cm²이므로
(4+6)×(변 ㄴㄷ)÷2=35,
10×(변 ㄴㄷ)=70,
(변 ㄴㄷ)=70÷10=7(cm)입니다.

22 25°

풀이 점대칭의 위치에 있는 도형에서 대응각의 크기는 같으므로
(각 ㄴㄷㄱ)=(각 ㅁㅂㄹ)=100°입니다.
➡ (각 ㄱㄴㄷ)=180°−55°−100°=25°

23 34cm

풀이 점대칭의 위치에 있는 도형에서 대응변의 길이는 같고, 대응점을 이은 선분

※해답은 따로 보관하고 있다가 채점할 때 사용해 주세요.

은 대칭의 중심에 의해 길이가 같게 나누어지므로 (변 ㄱㄹ)=(변 ㅁㅇ)=15cm,
(선분 ㄹㅈ)=(선분 ㅇㅈ)=8cm,
(선분 ㄱㅈ)=(선분 ㅁㅈ)=11cm입니다.
➡ (삼각형 ㄱㄹㅈ의 둘레)=15+8+11
$$=34(cm)$$

24 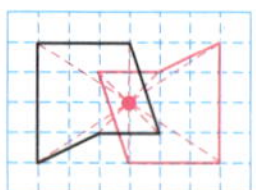

238a~238b 창의력 학습

a $\dfrac{7}{55}, \dfrac{3}{50}, \dfrac{17}{25}, \dfrac{5}{32}$

풀이 $\dfrac{7}{11} \div 5 = \dfrac{7}{11 \times 5} = \dfrac{7}{55}$

$2\dfrac{1}{25} \div 3 = \dfrac{51}{25} \div 3 = \dfrac{51}{25 \times 3} = \dfrac{17}{25}$

$\dfrac{33}{50} \div 11 = \dfrac{33}{50 \times 11} = \dfrac{3}{50}$

$\dfrac{15}{8} \div 12 = \dfrac{15}{8 \times 12} = \dfrac{5}{32}$

b ㅁ, ㅂ

풀이 영국: 유진이네 집에서 직선 가를 대칭축으로 하여 선대칭의 위치에 있는 집은 ㄱ이고, ㄱ과 점 ㄴ을 대칭의 중심으로 하여 점대칭의 위치에 있는 집은 ㅁ입니다.
연주: 유진이네 집에서 직선 다를 대칭축으로 하여 선대칭의 위치에 있는 집은 ㄷ이고, ㄷ과 직선 라를 대칭축으로 하여 선대칭의 위치에 있는 집은 ㅂ입니다.

239a~240b 경시대회 예상문제

1 0.39

풀이 홀수 번째에는 분수, 짝수 번째에는

소수가 오므로 10번째에 올 수는 소수입니다. 홀수 번째는 $\dfrac{4}{100}$씩 줄어들고, 짝수번째는 0.05씩 커지는 규칙입니다. 따라서 10번째에 올 수는 0.39입니다.

2 $\dfrac{2}{5} = \dfrac{10}{25}$, $0.6 = \dfrac{3}{5} = \dfrac{15}{25}$이므로
$\dfrac{10}{25} < \dfrac{\square}{25} < \dfrac{15}{25}$입니다. 분모가 같으므로 $10 < \square < 15$를 만족하는 자연수는 11, 12, 13, 14입니다.
[답] 11, 12, 13, 14

평가 기준	
상	분모가 같은 분수로 나타내고 □ 안에 들어갈 수 있는 자연수를 바르게 구한 경우
중	분모가 같은 분수로 나타냈으나 □ 안에 들어갈 수 있는 자연수를 구하지 못한 경우
하	풀이 과정과 답을 구하지 못한 경우

3 1, 2, 3, 4, 5

풀이 ㉠ $1 \div 5 = \dfrac{1}{5}$

㉡ $43 \div 8 = \dfrac{43}{8} = 5\dfrac{3}{8}$

$\dfrac{1}{5}$과 $5\dfrac{3}{8}$ 사이의 자연수는 1, 2, 3, 4, 5입니다.

4 5

풀이 $\dfrac{52}{5} \div 2 = \dfrac{52}{5 \times 2} = \dfrac{26}{5} = 5\dfrac{1}{5}$

$5\dfrac{1}{5} > \square$이므로 □ 안에 들어갈 수 있는 가장 큰 자연수는 5입니다.

5 $\dfrac{3}{20}$

풀이 어떤 수를 □라고 하면
$\square \times 5 = 3\dfrac{3}{4}$,

$\square = 3\dfrac{3}{4} \div 5 = \dfrac{15}{4} \div 5 = \dfrac{15}{4 \times 5} = \dfrac{3}{4}$

➡ (바른 계산)$= \dfrac{3}{4} \div 5 = \dfrac{3}{4 \times 5} = \dfrac{3}{20}$

6 $10\dfrac{2}{7}$ cm²

풀이 (색칠한 부분의 넓이)

$=15\dfrac{3}{7}\div3\times2=\dfrac{108}{7}\div3\times2$

$=\dfrac{108\times2}{7\times3}=\dfrac{72}{7}=10\dfrac{2}{7}$ (cm²)

7 3, 8 / $2\dfrac{3}{16}$

풀이 계산 결과가 가장 작게 되려면 가장 작은 수를 곱하고 가장 큰 수로 나누어야 하므로 $5\dfrac{5}{6}\times3\div8$입니다.

$5\dfrac{5}{6}\times3\div8=\dfrac{35}{6}\times3\div8=\dfrac{35\times3}{6\times8}$

$=\dfrac{35}{16}=2\dfrac{3}{16}$

8 10cm

풀이 사각형 ㄱㄴㄷㄹ은 직선 ㄱㄷ과 직선 ㄴㄹ을 대칭축으로 하는 선대칭도형이므로 마름모입니다.
(선분 ㄴㄹ)×11÷2=110,
(선분 ㄴㄹ)×11=220,
(선분 ㄴㄹ)=20(cm)
➡ (선분 ㄴㅁ)=(선분 ㄹㅁ)=10cm

9 (변 ㄴㄷ)=26−8=18(cm),
(변 ㄱㄴ)=(변 ㅇㅅ)=31cm입니다.
사각형 ㄱㄴㄷㄹ의 둘레가 98cm이므로
(변 ㄱㄹ)+(변 ㄷㄹ)=98−18−31
$=49$(cm)

[답] 49cm

평가 기준	
상	변 ㄴㄷ, 변 ㄱㄴ의 길이를 구하고 변 ㄱㄹ과 변 ㄷㄹ의 합을 바르게 구한 경우
중	변 ㄴㄷ, 변 ㄱㄴ의 길이를 구하였으나 변 ㄱㄹ과 변 ㄷㄹ의 합을 구하지 못한 경우
하	풀이 과정과 답을 구하지 못한 경우

10 예 1111, 6699, 9116

풀이 점대칭이 되는 수는 1111, 1691, 1961, 6119, 6699, 6969, 9116, 9696, 9966입니다.

11 125°

풀이 오른쪽과 같이 선분 ㄱㄹ을 긋습니다.
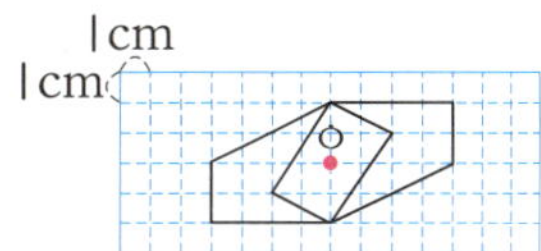
(각 ㅂㄱㅅ)=(각 ㄷㄹㅅ)이므로 (각 ㅂㄱㅅ)+(각 ㅁㄹㅅ)=105°입니다.
➡ (각 ㄹㅁㅂ)=360°−105°−130°
$=125°$

12 8cm²

풀이 점대칭의 위치에 있는 도형을 그리면 다음과 같습니다.

두 도형에 둘러싸여 생기는 사각형은 밑변이 4cm, 높이가 2cm인 삼각형이 2개입니다.
➡ (사각형의 넓이)=4×2÷2×2
$=8$(cm²)

1 0.77

2 ㉡

3 ㉢, ㉠, ㉡, ㉣

풀이 ㉠ $0.06=\dfrac{6}{100}=\dfrac{3}{50}$

㉡ $3.52=3\dfrac{52}{100}=3\dfrac{13}{25}$

㉢ $0.608=\dfrac{608}{1000}=\dfrac{76}{125}$

㉣ $15.8=15\dfrac{8}{10}=15\dfrac{4}{5}$

4 $2\dfrac{1}{2}$ L

풀이 (마시고 남은 주스)
$=4-1.5=2.5=2\dfrac{5}{10}=2\dfrac{1}{2}$ (L)

5 $\dfrac{12}{25}$ 에 ○표

※해답은 따로 보관하고 있다가 채점할 때 사용해 주세요.

6 0, 1, 2, 3, 4, 5

풀이 $2\dfrac{5}{8}=2\dfrac{625}{1000}=2.625$

2.625 > 2.□3에서 □ 안에 들어갈 수 있는 숫자는 6보다 작아야 하므로 0, 1, 2, 3, 4, 5입니다.

7 (1) $\dfrac{1}{6}$　(2) $\dfrac{8}{13}$

8 $>$

풀이 $9\div 15=\dfrac{9}{15}=\dfrac{36}{60}$

$7\div 20=\dfrac{7}{20}=\dfrac{21}{60}$

➡ $9\div 15 \; \gt \; 7\div 20$

9 $\dfrac{4}{9}$ kg

풀이 (접시 한 개에 담을 수 있는 떡)
$=4\div 9=\dfrac{4}{9}$ (kg)

10 $\dfrac{1}{16}$, $\dfrac{10}{21}$

풀이 $\dfrac{3}{8}\div 6=\dfrac{3}{8\times 6}=\dfrac{1}{16}$

$\dfrac{20}{7}\div 6=\dfrac{20}{7\times 6}=\dfrac{10}{21}$

11 $\dfrac{5}{14}$

풀이 $\square\times 9=\dfrac{45}{14}$ 에서 $\square=\dfrac{45}{14}\div 9$

$\square=\dfrac{45}{14}\div 9=\dfrac{45}{14\times 9}=\dfrac{5}{14}$

12 (1)-㉠　(2)-㉡

풀이 (1) $1\dfrac{5}{9}\div 7=\dfrac{14}{9}\div 7=\dfrac{14}{9\times 7}=\dfrac{2}{9}$

(2) $3\dfrac{9}{13}\div 20=\dfrac{48}{13}\div 20=\dfrac{48}{13\times 20}=\dfrac{12}{65}$

13 $\dfrac{5}{12}$ m

풀이 $8\dfrac{3}{4}\div 7\div 3=\dfrac{35}{4}\div 7\div 3$

$=\dfrac{35}{4\times 7\times 3}=\dfrac{5}{12}$ (m)

14 다

풀이 다

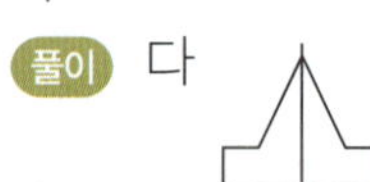

15 116 cm

풀이 선대칭도형에서 대응변의 길이는 같습니다.

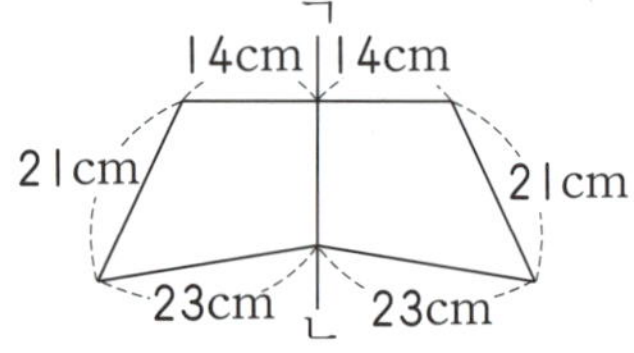

➡ (도형의 둘레)$=(14+21+23)\times 2$
$=116$ (cm)

16 $45°$

풀이 선대칭의 위치에 있는 도형은 대응각의 크기가 같으므로
(각 ㅁㄹㅂ)=(각 ㄷㄱㄴ)=$85°$입니다.

➡ (각 ㄹㅁㅂ)$=180°-85°-50°$
$=45°$

17

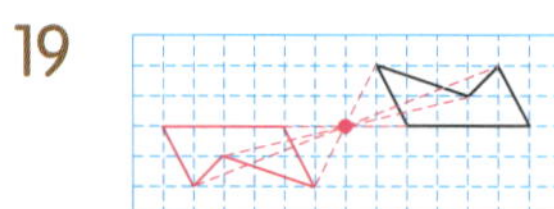

18 ㉢

19

20 14 cm

풀이 점대칭의 위치에 있는 도형에서 대응점을 이은 선분은 대칭의 중심에 의해 길이가 같게 나누어지므로
(선분 ㅅㅈ)=(선분 ㄷㅈ)=20cm,
(선분 ㅇㅈ)=(선분 ㄹㅈ)=6cm입니다.

➡ (변 ㅅㅇ)$=20-6=14$ (cm)